Tobias Zoporowski

Praxisratgeber
Klassikerkauf

Mercedes-Benz W 124

Alle Modelle 1984-1997
Limousine, Coupé, Cabrio & T-Modell

HEEL

Impressum

HEEL Verlag GmbH
Gut Pottscheidt
53639 Königswinter
Telefon 02223 9230-0
Telefax 02223 9230-13
info@heel-verlag.de
www.heel-verlag.de

3. Auflage 2021

Verantwortlich für den Inhalt: Tobias Zoporowski
Lektorat: Jost Neßhöver
Satz und Gestaltung: Ralph Handmann
Titelbild: Jost Neßhöver
Druck und Verarbeitung: D+L Printpartner, Bocholt
Printed in Germany

ISBN: 978-3-86852-934-0

Inhalt

Einleitung – Zum Zweck dieses Buches

„Der letzte echte Benz" – mit diesem Ritterschlag hat die Fan-Szene noch fast jede Mercedes-Baureihe in den (Un-)Ruhestand verabschiedet. Der Slogan „Das Beste oder Nichts!" stammt aus einer Zeit, als die schwäbischen Ingenieure scheinbar uneingeschränkt für die Ewigkeit bauen durften. In diesem Sinne ist der „Wagen 124", der von 1984 bis 1995 (Coupé und T-Modell bis 1996, Cabrio bis 1997) in etwa 2,5 Millionen Exemplaren gebaut und gegen Ende noch zur ersten „E-Klasse" wurde, tatsächlich genau das: Der letzte echte Benz.

Bei aller Begeisterung über konstruktive Finesse und Langlebigkeit darf man nicht vergessen, dass die jüngsten Überlebenden der „mittleren Baureihe" – so nannte Mercedes-Benz seinen Wohlstandsbürger-Traum – jetzt 20 werden. Zudem ist der W 124 ein modernes und technisch anspruchsvolles Fahrzeug mit diversen Steuergeräten für Komfort- und Sicherheitselektrik, das hin und wieder fachmännische Hilfe verlangt. An der sollte man dann auch nicht sparen, wenn die Freude am Klassiker lange währen soll.

Die aktuelle Auswahl aus vier Karosserieversionen (Limousine, T-Limousine, Coupé, Ca-

Limousine, T-Modell, Coupé und Cabrio – in all seinen Varianten wurde das Baumuster 124 knapp zweieinhalb Millionen mal produziert. (Foto: Frank Homann)

Hardcore-Fans mögen die Mopf 2-Modelle nicht so gern, was die Preise auch für gute Autos niedrig hält. (Foto: Daimler AG)

briolet) und schier endloser Farb- und Ausstattungsvielfalt ist immer noch enorm. Die Preise für gute Autos steigen mittlerweile zügig. Das Cabrio ist die mit Abstand teuerste 124er-Version, die am meisten verbreitete viertürige Limousine die preiswerteste.
Der Lebenszyklus der Baureihe 124 ist in Modellpflegemaßnahmen (Mopf) unterteilt. Die erste grundlegende (Mopf 1) erfolgte 1989 und ist unter anderem an den seitlichen Schutzplanken („Sacco-Bretter") erkennbar. Mit Mopf 2 stellte Mercedes 1993 auf Wasserbasislacke um und führte 16-Ventilmotoren ein. Außerdem hieß die Modellreihe ab sofort „E-Klasse". Exemplare der letzten Evolutionsstufe des W 124 sind heute die am wenigsten gesuchten. Der nicht unproblematische Lack jener Versionen wird für Korrosionsschäden verantwortlich gemacht. Dafür sind gut erhaltene Mopf 2-Limousinen der günstigste Einstieg ins Hobby.
Motorseitig sind kaum Fehlgriffe möglich. Die Selbstzünder – besonders die Saugdiesel – sind für astronomische Laufleistungen gut, aber nicht sehr schnell. Die Benziner sind für ihre Laufkultur bekannt und bei regelmäßiger Wartung fast ebenso langlebig wie die Dieseltypen. Automatikgetriebe sind generell beliebter. An der Haltbarkeit liegt das nicht: Automatik- wie Schaltgetriebe sind ausnehmend robust und halten in der Regel ein Autoleben lang. Den manuellen Gangboxen wird seit jeher nachgesagt, hakelig und störrisch zu sein. Eines aber stimmt: Die geschmeidig und im Idealfall ruckfrei arbeitenden Automaten passen besser zum Komfortanspruch einer Baureihe, die zu den hochwertigsten Automobilen zählt.

Das Bild symbolisiert die aktuelle Marktlage: Limousinen sind derzeit (noch) recht günstig, der Kurs für gute T-Modelle steigt. (Foto: Daimler AG)

1 Der richtige Wagen?

Mit roter Plakette „gebrandmarkte" Autos werden aus immer mehr deutschen Innenstädten verbannt. Die Lösung: Kat und Partikelfilter nachrüsten oder aufs H-Kennzeichen warten. (Foto: Autor)

Alltagstauglichkeit:

Jeder Mercedes der Baureihe W 124 ist auch heute noch völlig alltagstauglich. Mit einer kleinen Einschränkung: Die Diesel bekommen im Serienzustand allesamt keine grüne Feinstaubplakette und sind somit in vielen Umweltzonen nicht mehr willkommen. Inzwischen gibt es allerdings Firmen, die Katalysatoren und Rußpartikelfilter-Nachrüstsätze anbieten. Damit gibt es die grüne Plakette auch für die Selbstzünder.

Platzangebot:

In allen Karosserievarianten des W 124 ist Platz genug für mindestens vier Erwachsene plus Gepäck. Auch groß gewachsene Fahrer werden kein Problem bekommen. Coupé und Cabrio sind reine Viersitzer, für die Limousine gab es die „Coupé-Sitzanlage" gegen Aufpreis. Grundsätzlich sind Limousine und Kombi (T-Modell) für fünf Passagiere geeignet.

Eine T-Limousine ist allzeit bereit für die ganz große Reise. (Foto: Daimler AG)

Bedienbarkeit:

Eine Servolenkung sorgt in Verbindung mit dem großen Lenkrad im Schiffssteuerformat für sehr geringe Bedienkräfte. Hat man sich erst einmal an die Fußfeststellbremse gewöhnt, gibt die Bedienung eines W 124 keine Rätsel auf. Alle Kontrollleuchten, Instrumente und Schalter sind selbsterklärend, auch in gut ausgestatteten Modellen gibt es kein Tastenchaos. Einzig der kuriose Einarmwischer mit seiner technisch interessanten Hubmechanik ist nicht unumstritten. So empfinden ihn nicht wenige Fahrer als zu langsam und beklagen die Tendenz zu einem verschmierten Wischbild.

Ein solches Cockpit erklärt sich von selbst. (Foto: Daimler AG)

Kofferraum:

Im Gepäckabteil eines T-Modells kann man zur Not einen Wochenendurlaub verbringen. Was der Kombi schon damals war, ist er auch heute noch: Eines der geräumigsten „Lastentiere" auf deutschen Straßen. Die Limousine, das Coupé und das Cabrio warten ebenfalls mit sehr großzügigen und gut beleuchteten Ladeabteilen auf. Allerdings gibt es dort keine Durchlademöglichkeit in den Innenraum.

Das Ladeabteil der T-Limousine gehörte zu den geräumigsten seiner Zeit. Zur Erweiterung lässt sich die Rückenlehne geteilt oder komplett vorklappen. Stellt man zuvor noch die Sitzfläche auf, ergibt sich ein ebener Boden bis zu den Vordersitzen. Selbst eine lange Malerleiter lässt sich dann transportieren. (Foto: Daimler AG)

Platzbedarf/Garage:

Selbst die recht lange T-Limousine passt problemlos in eine deutsche Normgarage. Was die Fahrzeugbreite anbetrifft, ist ein W 124 gegenüber einer E-Klasse des Jahrgangs 2014 geradezu zierlich.

Laufende Kosten:

Die Betriebs- und Unterhaltskosten eines W 124 hängen natürlich stark mit der gewählten Motorisierung zusammen, zudem haben die ganz frühen Exemplare noch keinen Katalysator ab Werk. Die Diesel gehen alle, auch noch nach heutigen Maßstäben, sparsam mit dem Treibstoff um, werden dafür aber mit horrenden Steuersätzen bestraft. Die großen Benziner – vor allem der 260er – sind keine Kostverächter. Unter wirtschaftlichen Gesichtspunkten bieten heute ein 200 E oder ein 230 E die beste Mischung aus klassischem Benz-Feeling und überschaubaren, zeitgemäßen Kosten.

Ersatzteile:

Heute bestellt, morgen geliefert: Das gilt für jeden Mercedes-Vertragshändler und für im Grunde jedes benötigte Teil. Wesentlich günstiger, aber meistens nicht schlechter, liefert der gut sortierte, freie Ersatzteilmarkt. Viele Anbieter haben sich auf die Baureihe spezialisiert, bieten gebrauchte und Repro-Neuteile zu fairen Kursen an. Als erste Adresse gilt das werkseigene Gebrauchtteile-Zentrum (MBGTC), bei dem es grundüberholten Ersatz mit Garantie gibt. Zudem gibt es auf klassische Mercedes-Benz-Fahrzeuge spezialisierte Schrottplätze.

Versicherung:

Wer einen 230 E im Alltag bewegen möchte, zahlt dafür nicht mehr als für einen Durchschnitts-Golf. Zudem erkennen viele Versicherer die Baureihe inzwischen als Klassiker an, wofür spezielle Tarife gelten. Dann darf das Fahrzeug aber möglicherweise nicht im Alltag laufen. Leistungsstarke Coupés und die „Power-Limousinen" 400 E und 500 E sind naturgemäß nicht ganz so günstig zu versichern.

Werterhalt:

Durch den H-Status für frühe 124er differenziert sich das Angebot gerade: Gute Cabrios, unverbastelte Coupés und T-Modelle mit guter Ausstattung und nachvollziehbarer Historie steigen im Wert spürbar an. Bei den Limousinen, von denen es noch sehr viele gibt, sind Schnäppchen möglich. Auch gute bis sehr gute Exemplare stabilisieren sich derzeit zwischen 5000 und etwa 7000 Euro. Große Ausreißer nach oben sind kurzfristig nicht zu erwarten. Immerhin: An Wert verlieren wird ein gut gepflegter W 124 sicher nicht!

Gute Seiten:

Kaum ein anderes Fahrzeug dieser Epoche repräsentiert den bürgerlichen Wohlstand der achtziger Jahre so wie der Mercedes W 124. Das „Willkommen Zuhause!"-Gefühl fährt immer mit. Sein Design ist zeitlos, sein Komfort, sein Platzangebot und seine Sicherheit noch immer zeitgemäß. Nicht umsonst schmücken vor allem T-Modelle die hippen Szeneviertel in Hamburg, Berlin und München. Der Unterhalt ist überschaubar, die Ersatzteilpreise auch. Falls mal etwas ist, kann jede versierte Werkstatt einen W 124 wieder zum Laufen bringen.

Schlechte Seiten:

Seine Beliebtheit führt dazu, dass auch viele Blender angeboten werden. Um die unkaputtbaren Saugdiesel für Feinstaubzonen fit zu machen, muss man erhebliche Investitionen einplanen. Manche Benzinmotoren (260 E, 300 E 24V und die Sechzehnventiler ab Mopf 2) erfordern für eine hohe Laufleistung auch höheren Wartungsbedarf. Generell sind die Modelle ab 1993 (Mopf 2) rostgefährdeter als ihre früheren Geschwister.

Alternativen:

Wer auf ähnliche Tugenden Wert liegt, wie sie der W 124 bietet, aber weniger Platz benötigt, könnte sich für den W 201 (190er) interessieren. Nach oben gibt es – will man „beim Daimler" bleiben – nur eine Alternative: W 126 (S-Klasse). Obere Mittelklasse anderer Hersteller: Alfa 164, Audi 100, BMW 5er, Citroën XM, Ford Scorpio, Honda Legend, Nissan Maxima, Lancia Thema, Mazda 929, Opel Senator, Peugeot 605, Renault 25, Rover 800, Saab 900 und 9000, Volvo 700er und 900er, VW Passat.

2 Kosten – erschwinglich oder nicht?

Vorab sei gesagt, dass die Varianten- und Motorenvielfalt der Baureihe 124 kaum pauschale Aussagen über anfallende Kosten zulässt. Zudem hängt die Kalkulation – etwa in Sachen Arbeitslohn – auch davon ab, ob Sie Reparatur und Wartung einer freien Werkstatt oder Vertragshändler respektive Niederlassung überantworten. Alle genannten Preise sind daher nur Richtwerte.

1.	Inspektion (klein/groß), ohne Zusatzarbeiten:	ca. 250 Euro/400 Euro
2.	Keilriemenwechsel (inkl. Spannvorrichtung):	ca. 200 Euro
3.	Steuerkettenwechsel (inkl. Kettenspanner):	ca. 250 Euro
4.	Zündkerzenwechsel:	ca. 50 – 70 Euro
5.	Kühlmittelthermostat erneuern:	ca. 50 Euro
6.	Wasserkühler erneuern:	ca. 300 Euro
7.	Wasserpumpe erneuern:	ca. 300 Euro – 400 Euro
8.	neuer Auspuff ab Kat:	ca. 350 Euro – 400 Euro
9.	Kupplungswechsel komplett:	ca. 500 Euro
11.	Traggelenke Vorderachse erneuern:	ca. 300 Euro
12.	Querlenker vorn ersetzen:	ca. 500 Euro
13.	Hinterachsüberholung komplett:	ca. 1500 Euro – 2000 Euro
14.	Stoßdämpfer rundum erneuern (nicht T-Modell):	ca. 600 Euro
15.	Stoßdämpfer hinten T-Modell:	ca. 900 Euro
16.	Druckspeicher Niveauregulierung ersetzen (beide):	ca. 450 Euro
17.	Austausch Radlager (vorn/hinten):	ca. 200 Euro/350 Euro
18.	Bremsbelagwechsel (vorn/hinten):	ca. 120 Euro/100 Euro
19.	Bremsflüssigkeit wechseln:	ca. 60 Euro
20.	Hardyscheibe (Getriebeausgang):	ca. 200 Euro – 250 Euro
21.	Zylinderkopfdichtung erneuern:	ab 500 Euro
22.	Fußfeststellbremse justieren:	ca. 50 Euro
23.	Achsvermessung (inkl. neuer Spurstangen):	ca. 200 Euro
24.	Schiebedachkassette ersetzen:	ca. 1000 Euro
25.	Zuziehhilfe Heckklappe (T-Modell) ersetzen:	ca. 950 Euro
26.	Heckwischerfunktion (T-Modell) wiederherstellen:	ab 500 Euro
27.	Motorkabelbaum erneuern:	ab 1000 Euro
28.	Motorsteuergerät ersetzen:	ab 1000 Euro
29.	Steuergerät Automatikgetriebe erneuern:	ca. 1200 Euro
30.	ASR-Steuergerät erneuern:	ca. 1200 Euro
31.	Klimaanlage abdichten, befüllen, Kondensator erneuern:	ca. 600 Euro
32.	defekte Fensterhebermechanik (vorn) erneuern:	ca. 300 Euro

Faustregel:
Defekte an Elektrik und Elektronik sind prinzipiell genau so kostspielig zu reparieren wie bei einem modernen Fahrzeug. Zuweilen sind gebrauchte oder AT-Steuergeräte bei Online-Auktionen verdächtig günstig zu haben. Wem es um das Geld nicht zu schade ist, kann das versuchen, aber: Es handelt sich fast immer um Wundertüten! Einwandfreie Funktion garantiert der Anbieter in der Regel nicht. Wie auch? Mit „Hausmitteln" lässt sich die Funktion eines

Motormanagementsystems nicht testen. Alternative: Es gibt inzwischen diverse Betriebe, die sich auf die Reparatur von Steuergeräten spezialisiert haben. Oft kann auch das offizielle MB-Altteilecenter helfen. Dann gibt's sogar Garantie.

Leicht zu finden:

Im Grunde alles. Sie fahren einen Mercedes-Benz. Das heißt: Was das Fahrzeug zum Fortkommen benötigt oder benötigen könnte, bekommen Sie entweder sofort oder innerhalb von 24 Stunden an der Teiletheke des Vertragshändlers. Verschleißteile sowieso.

Schwer erhältlich:

Diese Worte existieren im Mercedes-Kosmos kaum. Wenn es nicht gerade um Innenraumteile in exotischen Farben – und dann noch in „MB-Tex" oder Velours – geht, bekommen Sie eigentlich wirklich alles. Und sollte die Teilesuche tatsächlich einmal aussichtslos scheinen – etwa bei blauen Armaturentafeln oder gut erhaltenen blauen Sitzanlagen fürs T-Modell, wofür mitunter Fantasiepreise aufgerufen und gezahlt werden – gibt es immer noch die rührige Clubszene. Hier gilt: Irgendeiner hat immer was. Oder er kennt jemanden, der jemanden kennt.

Besonders teuer:

Auch, wenn er so aussieht wie seine schwächeren Brüder: Der V8-Bolide 500 E ist eine Klasse für sich. Was auch auf Wartungsarbeiten und Ersatzteile zutrifft. Das Motto „passt's für einen, passt's für alle" gilt für ihn nicht. In vielen Fällen werden Teile benötigt, die nur an und in den 500 E passen. Verfügbar sind sie durchaus, aber sehr teuer.

Diese Hinterachse ist sichtbar alt, aber auch an Aufnahmen und der Radaufhängung intakt. Ein prüfender Blick ist Pflicht! (Foto: Autor)

Als sonderlich verschleißfreudig gelten die Auspuffanlagen nicht. Ist doch ein Tausch notwendig, lässt sich mit Ersatz freier Zulieferer spürbar Geld sparen. (Foto: Autor)

Ersatz für defekte Stoßdämpfer kostet nicht die Welt. Dieser hier ist trocken und verrichtet noch problemlos seinen Dienst. (Foto: Autor)

3 Leben mit einem Mercedes W 124

Ein Mercedes W 124 ist – zumindest, wenn es sich um die Limousine oder das T-Modell handelt – ein Klassiker für die ganze Familie. Im Bekanntenkreis des Autoren gibt es ein Ehepaar mit drei (noch recht kleinen) Kindern, das ein T-Modell als Alltagsfahrzeug nutzt. Nicht, weil es sich kein jüngeres und damit auch teureres Automobil leisten könnte. Sondern aus Überzeugung. Das sagt viel über eine Modellreihe aus, die im Kern so bodenständig und musterschülerhaft deutsch ist, dass sie sich selbst im fortgeschrittenen Alter kaum grobe Schnitzer leistet und im Alltag stoisch und zuverlässig ihren Dienst tut.

Natürlich kann auch ein W 124 rosten, natürlich leidet auch ein W 124 gelegentlich an technischen Gebrechen. Mängel aber treten im Grunde nie versteckt auf. Die Schwachpunkte, ob an der Karosse oder an der Technik, lassen sich nahezu immer mit vertretbarem Aufwand instand setzen. Falls es sich nicht um ein völlig verwahrlostes Fahrzeug handelt. Von dem sollten Sie dann aber generell die Finger lassen. Die Totalrestaurierung eines W 124 lohnt nicht. Dafür gibt es noch zu viele Gute am Markt.

Mit welchem W 124-Modell Sie leben möchten, hängt von Ihrem Budget und Ihren Vorlieben ab. Als schicke Sommerfahrzeuge zum stilvollen Flanieren taugen am ehesten das Coupé und das Cabrio. Limousine und T-Modell begleiten Sie – je nach Gusto – das ganze Jahr über.

Alle Modelle sind über die lange Bauzeit in so vielen Farben und Ausstattungsvarianten produziert worden, dass Sie heute noch fast die freie Auswahl haben und der persönliche

Die Baureihe 124 ist in all ihren Varianten (das Cabrio fehlt hier) noch immer ein vertrauter Anblick auf unseren Straßen. (Foto: Daimler AG)

Eine frühe Limousine („VorMopf" oder „Mopf 0") in gutem Zustand ist ein Fall für Liebhaber. Das „H" steht vor der Tür! (Foto: Daimler AG)

Geschmack entscheidet. Buchhalter-Ausstattung in Hellelfenbein als 200 D oder der vollbelederte Sechszylinder mit Automatik, Klima und allen möglichen weiteren Helferlein in edlem Onyx-Metallic? Was Sie möchten, werden Sie finden! Es kann nur manchmal etwas länger dauern.
Nehmen Sie sich ausreichend Zeit und kaufen Sie dann den besten Wagen, den Sie für Ihr Geld bekommen. Der Autor ist sich sicher: Mit diesem Wagen wollen Sie gemeinsam alt werden!

Wenn es einer packt, dann der! T-Limousine als Freizeitbegleiter. (Foto: Daimler AG)

Stadtflucht für Betuchte: Ein A 124 (Cabriolet) war und ist ein elitäres Vergnügen. (Foto: Daimler AG)

4 Relative Werte

Welcher W 124 soll es sein?

Limousine

Sie suchen einen problemlosen Alltagsklassiker? Das ist er: Mopf 1-Limousine als 200 E mit Automatik und Schiebedach. (Foto: Frank Homann)

Die viertürige Limousine ist die am häufigsten gebaute Karosserievariante der Baureihe 124. Ihr zeitloses Design repräsentiert noch immer das frühere Leitmotiv der Mercedes-Benz-Stylingabteilung, dass die Gestaltung der Fahrzeuge stets „in Rufweite hinter der Mode" zu sein habe. Beste Voraussetzungen, um sie als „klassisch" zu bezeichnen.

Die Limousine gibt es auch heute noch in großer Auswahl, in allen möglichen Erhaltungszuständen, Farben und Ausstattungen. Zudem ist sie das einzige Modell der Baureihe, für die alle Motorisierungen, vom etwas phlegmatischen 200er-Diesel bis hin zum 500 E mit bulliger V8-Maschine, lieferbar waren.

Ganz frühe Exemplare litten unter Qualitätsproblemen, die Mercedes nach großem Protest der Stammkundschaft (Taxifahrer) konsequent abstellte. Eine frühe 124er-Limo, deren Karosserie noch komplett ohne die später charakteristische Seitenbeplankung auskommt, ist mittlerweile interessant für Sammler. Für gute Exemplare steht zudem die „H-Zulassung" ins Haus.

Ab Herbst 1985 gab es Katalysatoren, ab Herbst `88 ABS für alle Modelle. Zwischen 1989 und 1993 war die Baureihe auf ihrem qualitativen Höhepunkt, besser wurde sie nie mehr. Wenn Sie einen W 124 nicht nur zum Sammeln, sondern auch als Alltagsfahrzeug suchen, sollten Sie sich auf diese Jahrgänge konzentrieren.

Coupé

Die schönste Versuchung, seit Daimler die Baureihe 124 vom Band laufen ließ: Das zeitlos elegante Coupé. (Foto: Daimler AG)

Viele Fans der Baureihe halten das ab März 1987 erhältliche Coupé für das Meisterstück seines Gestalters Bruno Sacco und für eines der schönsten Autos der späten achtziger Jahre. Geschmacksache. Tatsache ist, dass der elegante Zweitürer die seitlichen Kunststoffplanken („Sacco-Bretter" – eine Bezeichnung, die der Designer selbst übrigens gar nicht schätzt) in die Baureihe einführte. „Ohne" gab es das Coupé nie.

Der Zweitürer wurde konsequent nur als Viersitzer angeboten. Das ist aber tatsächlich für ausgewachsene Menschen und auch für längere Strecken würdevoll bequem. Charakteristisch: Die Seitenlinie ohne B-Säule. Wenn alle Fenster geöffnet sind – auch die kleineren Seitenscheiben hinten lassen sich vollständig versenken – entsteht ansatzweise Cabriofeeling.

Wie die offene Variante verfügt auch das Coupé über elektrische Gurtbringer, die tunlichst funktionieren sollten. Ersatz ist teuer. Viele Coupés wurden über die Jahre zu Tuning-Opfern. Harte und kurze Feder-/Dämpferpakete und überbreite Bereifung haben dem aufwändigen Fahrwerk mit Sicherheit zugesetzt. Von solchen Exemplaren, auch von jenen, die zurückgerüstet wurden, sollte man absehen. Selbst dann, wenn der Preis verlockend ist.

Cabrio

Die offene Variante des 124ers kam recht spät. Erst ab Herbst 1991 war das vollwertig viersitzige Cabriolet erhältlich und eroberte die Garagen gehobener Vorstädte genauso so im Sturm wie die Herzen gutsituierter Arztgattinnen. So war dem enorm verwindungssteif konstruierten und dank mehrlagigem Verdeck für den Ganzjahresbetrieb absolut tauglichen Frischluft-Gleiter meist ein angenehmes Leben als Zweitwagen vergönnt. Was sich heute im großen Angebot gepflegter Exemplare, die indes ihren Preis haben, niederschlägt.
In Verbindung mit Dieselmotoren – heute üblich – gab es den offenen 124er nie. Dafür wurde er meist, selbst wenn er mit der Basismaschine geordert wurde, umfangreich ausgestattet. Leder und Metallic-Lack sind (fast) obligatorisch, Automatik häufig, das Verdeck öffnet und schließt elektrohydraulisch. Und das in den meistens auch nach über 20 Jahren noch.
Sicherheits-Clou: Im Falle eines Überschlages fahren hinter der Rückbank versenkte Bügel blitzschnell nach oben, um Unfallfolgen abzumildern. Ob dieses Feature auch im Alter noch „klappt", werden Sie nicht testen können und wollen. Wohl aber die Funktion der „Gurtbringer", für die Ersatz teuer kommt.

T-Modell

Im Mercedes-Jargon handelt es sich beim T-Modell nicht um einen schnöden Kombi, sondern um einen „Stations-Wagen" oder eine „T-Limousine". Vergessen Sie das bloß nicht, wenn Sie das Portal des auch nach heutigen Maßstäben noch riesigen Laderaums öffnen und sich fragen, ob das durch in C- und D-Säulen versenkte Strahler fast kathedralenhaft ausgeleuchtete und mit hochflorigem Teppich ausgeschlagene Gepäckabteil nicht zu schade für Farbeimer und Tapetenreste ist! Doch. Ist es.
Aber zur Not passt eben auch Baumaterial ins lange Heck. Oder alles, was eine vierköpfige Familie für drei Wochen Urlaub braucht. Kleinkram kommt in zwei geräumigen Bodenfächern und in den „Schmuggelfächer" getauften Seitentaschen im Kofferraum unter. Die – serienmäßige – Niveauregulierung sorgt dafür, dass die Hinterhand nicht einknickt, das patente Doppelrollo (Laderaumabdeckung und Trennnetz in einem) schützt vor neugierigen Blicken und die Insassen vor umherfliegendem Gepäck.

Liebhaberstück und Wertanlage: Die Cabriolets waren immer exklusiv. (Foto: Frank Homann)

Hart arbeiten sollten T-Modelle nicht. Am wohlsten fühlten sie sich als stilvolle Transporter für kreative Freiberufler. (Foto: Frank Homann)

Eine Anmerkung zur Niveauregulierung: Steht das Heck des Fahrzeugs in unbeladenem Zustand unnatürlich hoch und rollt die Hinterachse auffallend hart ab, ist das ein Indiz für defekte Druckspeicher, für die die Fanszene aufgrund ihrer eisengrauen Lackierung und der eigentümlichen Form den Spitznamen „Bulleneier" gefunden hat. Werden sie gewechselt, ist meist alles wieder in Ordnung. Viele mit diesem Modell unerfahrene Werkstätten raten unnötigerweise zum Tausch der sehr teuren Stoßdämpfer, was nur die letzte Alternative sein sollte.

Benziner oder Diesel?

Das ist vorrangig eine Frage des Fahrertemperaments, weniger der mechanischen Haltbarkeit. Die Ölmotoren (werksinterne Abkürzung: OM), also die Diesel, laufen bei einigermaßen regelmäßiger Wartung eine gefühlte Ewigkeit – wovon eine ganze Generation von Taxifahrern noch heute schwärmt –, empfehlen sich aber eher für sanfte Gemüter. Was vor allem für den Basisdiesel OM 601 gilt, der aus zwei Litern Hubraum „satte" 72 PS generiert. Als Geheimtipp gilt der geschmeidige 250 D (OM 602) mit immerhin 90, später 94 PS (als später Turbo OM 605 im E 250 D gar mit 113 PS) und seinem vollmundigen, markanten Motorsound. Der große Sechszylinder-Diesel (OM 603) im 300 D gestattet durchaus engagierte Gangart. Mit dem OM 606 (E 300 Turbodiesel) standen später 147 Pferde gut im Futter und bewegten die Fuhre in etwa so agil wie sich ein 230 E (Benzinmotor M102 mit 2,3 Litern Hubraum) fahren ließ. Und das war ja sehr passabel. Die Verbräuche der Selbstzünder sind mit denen heutiger Direkteinspritzer natürlich nicht mehr vergleichbar, bei angepasster, vorausschauender Fahrweise lassen sie sich aber mit 7 bis 8 Litern auf 100 km bewegen. Die benzinbetriebenen Zweiventil-Vierzylinder, die bis 1992 verbaut wurden, gelten als ausgesprochen langlebige und recht anspruchslose Aggregate – regelmäßige Wartung vorausgesetzt. Der kleine 200er befriedigt mit 105 (Vergaser) und 118 PS (200 E) nur Basisansprüche.

König der Diesel: OM 603 (300 D) mit sechs Zylindern. (Foto: Daimler AG)

Für Coupé, Cabrio und T-Modell war der M 103 (300 E) die Topmotorisierung. (Foto: Daimler AG)

Aufgrund des Drehmomentverlaufs ist der nächstgrößere 230 E mit 132 PS die deutlich souveränere Alternative und galt vielen als die beste Motorisierung der Modellreihe überhaupt. Was auch seinen bis heute großen Verbreitungsgrad erklärt. Alle drei entstanden aus dem Aggregatetyp M102. Mit Einführung der Vierventiltechnologie ersetzte Mercedes-Benz den bereits aus dem W 123 bekannten Antrieb durch die neue Motorenfamilie M111 (in 200 E/E 200 und 220 E/E 220).

Der 260 E – wie der 300er auf Basis des M103 – fällt etwas aus dem Rahmen, obwohl er im Grunde ein toller, vibrationsarm arbeitender Sechsender ist. Der turbinenartige Lauf verleitet zu hohen Drehzahlen, worunter zuweilen Kopfdichtungen und

Der V8 des Typs M119 (400 E/500 E) verschaffte sich mit sportwagenähnlichen Fahrleistungen Respekt. (Foto: Frank Homann)

Nockenwellen leiden. Geht man etwas netter mit der Maschine um, ist sie eine standesgemäße Motorisierung für den 124er. Das trifft auch für den 300er zu, der einen besseren Ruf hat. Die ab der zweiten Jahreshälfte 1993 angebotenen 280 E/E 280 und 320 E/ E 320 tragen den Vierventiler M104 im Bug.
Die V8-Benziner des Typs M119 in 400 E/E 420 und 500 E/E 500 sind ein Erlebnis für sich und entlocken der stattlichen Limousine sportwagenähnliche Fahrleistungen. Unterhaltskosten und Treibstoffkonsum sind allerdings entsprechend.

Mopf 1 oder Mopf 2?

Hier liegt die Sache klar: Die Älteren sind die Besseren! Mit der letzten Entwicklungsstufe (Mopf 2) kamen zwar weiße Blinkergläser, getönte Rückleuchten und ein dank überarbeitetem Grill moderner und freundlicher dreinblickendes „Gesicht". Die Umstellung auf Wasserbasislacke und Sechzehnventil-Motoren schadetet allerdings der zuvor so berühmten Dauerhaltbarkeit. In der Tat rosten Fahrzeuge der letzten Generation schneller und intensiver an den neuralgischen Punkten. Können Sie ein gut gepflegtes Exemplar mit nachvollziehbarer Historie aus den Baujahren 1989 bis Mitte 1993 (Mopf 1) bekommen, sollten Sie ihm den Vorzug geben.
Das bis 1997 gebaute Cabriolet nimmt da eine Sonderstellung ein. Dass die Open-Air-Tourer oftmals in auffallend besserem Zustand sind – und das unabhängig von der Mopf-Ziffer – als ihre geschlossenen Geschwister, liegt vor allem daran, dass sie einen Großteil ihres Lebens in Garagen Unterschlupf fanden und wohl auch eher selten gesalzene Straßen erdulden mussten. Auch als Kilometerfresser wurden nur die wenigsten verschlissen.

Die erste Serie („Mopf 0" oder „VorMopf") hat noch nicht die später charakteristische Seitenbeplankung. (Foto: Daimler AG)

Ab September ´89 kamen farblich abgestimmte „Sacco-Bretter" mit glänzenden Zierleisten, neue Sitze und mehr Holz im Innenraum. (Foto: Daimler AG)

Die nachfolgende Tabelle gibt einen guten Überblick über das Preisgefüge der verschiedenen Modelle in Deutschland, wie es sich bei Drucklegung dieses Ratgebers darstellte, ermittelt von Classic Data. Die Spezialisten für Fahrzeugbewertungen aus Bochum beobachten seit über 25 Jahren den Markt für zwei- und vierrädrige Klassiker und bieten ein bundesweites Netz qualifizierter Kfz-Sachverständiger, die u.a. Wertgutachten für angebotene oder gekaufte Fahrzeuge erstellen. Unter www.classic-data.de findet man eine nach Postleitzahlen sortierte Liste der Classic-Data-Partner. In der Realität können die Preise jedoch abhängig von Ausstattung und Fahrzeughistorie variieren. Natürlich spielen Originalität und Zustand bei den zu erzielenden Preisen die größte Rolle.

Die letzte Serie („Mopf 2") wurde optisch verjüngt und in der Serienausstattung verbessert, litt aber unter nachlassender Qualität und dem verwendeten Wasserbasislack, der die Korrosion nicht effektiv verhindern konnte. (Foto: Daimler AG)

W 124 Limousinen Benziner

			Zustandsnote					
Modell	Baujahr	PS/kW	cm³	1	2	3	4	5
200	1985 - 1989	109/80	1996	k.A.	3.600	1.700	600	k.A.
200 E	1988 - 1989	122/90	1996	k.A.	3.700	1.800	600	k.A.
200 E Kat	1989 - 1992	118/87	1996	k.A.	4.100	2.000	600	k.A.
200 E Kat	1992 - 1993	136/100	1996	k.A.	4.400	2.100	600	k.A.
220 E Kat	1992 - 1993	150/110	2199	k.A.	4.600	2.200	600	k.A.
260 E	1985 - 1989	166/122	2597	k.A.	4.000	2.000	600	k.A.
260 E KAT	1986 - 1989	160/118	2597	k.A.	6.200	3.000	1.100	k.A.
260 E KAT	1989 - 1992	160/118	2597	k.A.	6.200	3.000	1.100	k.A.
280 E Kat	1992 - 1993	197/145	2799	k.A.	6.400	3.000	1.100	k.A.
300 E	1985 - 1989	188/138	2932	k.A.	4.600	2.200	700	k.A.
300 E KAT	1986 - 1989	180/132	2960	k.A.	5.800	2.600	1.000	k.A.
300 E KAT	1989 - 1993	180/132	2960	k.A.	5.800	2.600	1.000	k.A.
300 E-24 Kat	1989 - 1992	220/162	2960	k.A.	5.400	2.400	1.000	k.A.
320 E Kat	1992 - 1993	220/162	3199	k.A.	5.500	2.900	1.000	k.A.
400 E	1992 - 1993	279/205	4196	k.A.	10.200	4.900	2.100	k.A.
500 E Kat	1990 - 1993	320/235	4973	k.A.	25.000	15.000	7.500	k.A.
E 200	1993 - 1995	136/100	1998	k.A.	4.500	2.200	700	k.A.
E 220	1993 - 1995	150/110	2199	k.A.	4.700	2.300	700	k.A.
E 280	1994 - 1995	193/142	2799	k.A.	6.700	3.200	1.300	k.A.
E 320	1993 - 1995	220/162	3199	k.A.	5.800	2.600	1.100	k.A.
E 420	1993 - 1995	279/205	4196	k.A.	12.300	6.200	2.800	k.A.
E 500	1993 - 1995	320/235	4973	k.A.	26.300	15.800	7.400	k.A.
E 60 AMG	1993 - 1994	381/280	5956	k.A.	30.200	18.700	8.200	k.A.

W 124 Limousinen Diesel

						Zustandsnote		
Modell	Baujahr	PS/kW	cm³	1	2	3	4	5
200 D	1985 - 1989	72/53	1997	k.N.	2.900	1.400	500	k.N.
200 D	1989 - 1993	75/55	1997	k.N.	3.000	1.400	500	k.N.
250 D	1985 - 1989	90/66	2497	k.N.	3.000	1.500	500	k.N.
250 D	1989 - 1993	94/69	2497	k.N.	3.100	1.500	500	k.N.
250 D Turbo	1988 - 1989	126/93	2497	k.N.	3.500	1.700	600	k.N.
250 D Turbo	1989 - 1993	126/93	2497	k.N.	3.500	1.700	600	k.N.
300 D	1985 - 1989	109/80	2996	k.N.	4.200	1.900	600	k.N.
300 D	1989 - 1993	113/83	2996	k.N.	4.300	2.000	700	k.N.
300 D Turbo	1987 - 1989	143/105	2996	k.N.	3.600	1.800	600	k.N.
300 D Turbo	1989 - 1993	147/108	2996	k.N.	3.800	2.000	700	k.N.
E 200 Diesel	1993 - 1995	75/55	1997	k.N.	3.100	1.500	500	k.N.
E 250 D	1993 - 1995	113/83	2497	k.N.	4.200	2.100	700	k.N.
E 250 Turbodiesel	1993 - 1995	126/93	2497	k.N.	3.700	1.900	700	k.N.
E 300 Diesel	1992 - 1995	136/100	2996	k.N.	4.100	2.000	700	k.N.
E 300 Turbo D 4Matic	1993 - 1995	147/108	2996	k.N.	4..100	2.000	700	k.N.

W 124 Cabriolets

				Zustandsnote				
Modell	Baujahr	PS/kW	cm³	1	2	3	4	5
300 CE-24 Kat	1991 - 1993	220/162	2960	k.N.	17.300	11.800	5.000	k.N.
E 200	1994 - 1997	136/100	1998	k.N.	15.900	10.400	4.800	k.N.
E 220	1993 - 1997	150/110	2199	k.N.	16.700	11.200	4.800	k.N.
E 320	1993 - 1997	220/162	3199	k.N.	22.900	14.600	7.000	k.N.
E 36 AMG	1993 - 1996	272/200	3595	k.N.	45.000	30.000	17.000	k.N.

W 124 T-Modell Benziner

				Zustandsnote				
Modell	Baujahr	PS/kW	cm³	1	2	3	4	5
200 T	1985 - 1990	105/77	1998	k.N.	4.900	2.900	900	k.N.
200 T	1985 - 1989	109/80	1998	k.N.	3.300	1.900	500	k.N.
200 TE Kat	1988 - 1989	118/87	1996	k.N.	5.300	3.300	900	k.N.
200 TE Kat	1989 - 1992	118/87	1996	k.N.	5.400	3.400	900	k.N.
200 TE Kat	1992 - 1993	136/100	1995	k.N.	5.600	3.600	1.000	k.N.
220 TE	1992 - 1993	150/110	2199	k.N.	6.000	3.800	1.000	k.N.
230 TE Kat	1986 - 1989	136/100	2298	k.N.	3.400	2.000	600	k.N.
230 TE Kat	1989 - 1992	132/97	2298	k.N.	5.000	3.100	1.000	k.N.
280 TE Kat	1992 - 1993	197/145	2799	k.N.	5.000	3.100	1.000	k.N.
300 TE 24V	1989 - 1992	220/162	2960	k.N.	6.700	4.300	1.300	k.N.
300 TE Kat	1986 - 1989	180/132	2960	k.N.	6.400	4.000	1.100	k.N.
300 TE Kat 4Matic	1989 - 1993	180/132	2995	k.N.	7.000	4.500	1.400	k.N.
320 TE	1992 - 1993	220/162	3195	k.N.	6.600	4.200	1.100	k.N.
E 200 T	1992 - 1996	136/100	1998	k.N.	5.700	3.700	1.000	k.N.
E 220 T	1993 - 1996	150/110	2199	k.N.	6.100	3.900	1.000	k.N.
E 280 T	1993 - 1996	193/142	2799	k.N.	6.600	4.100	1.100	k.N.
E 300 T 4Matic	1993 - 1995	180/132	2995	k.N.	7.300	4.500	1.400	k.N.
E 320 T	1992 - 1996	220/162	3199	k.N.	7.000	4.400	1.200	k.N.
E 36 AMG	1992 - 1995	272/200	3606	k.N.	14.500	9.800	4.700	k.N.

W 124 T-Modell Diesel

				Zustandsnote				
Modell	Baujahr	PS/kW	cm³	1	2	3	4	5
200 TD	1986 - 1989	72/53	1997	k.N.	3.400	1.800	500	k.N.
200 TD	1989 - 1991	75/55	1997	k.N.	3.600	1.900	600	k.N.
250 TD	1985 - 1989	90/66	2479	k.N.	3.600	1.900	600	k.N.
250 TD	1989 - 1993	94/69	2497	k.N.	3.700	2.000	700	k.N.
300 TD	1986 - 1989	109/80	2975	k.N.	3.900	2.100	700	k.N.
300 TD	1989 - 1993	113/83	2996	k.N.	4.100	2.400	700	k.N.
300 TD Turbo	1987 - 1989	143/105	2975	k.N.	6.400	4.000	1.100	k.N.
300 TD Turbo	1989 - 1993	147/108	2996	k.N.	6.600	4.100	1.100	k.N.
300 TD Turbo 4-Matic	1987 - 1989	143/105	2975	k.N.	7.100	4.300	1.300	k.N.
300 TD Turbo 4-Matic	1989 - 1993	147/108	2995	k.N.	7.300	4.500	1.300	k.N.
E 250 TD	1993 - 1997	113/83	2497	k.N.	5.900	3.800	1.000	k.N.
E 300 T Turbo D	1993 - 1996	147/108	2996	k.N.	6.700	4.200	1.100	k.N.
E 300 TD	1992 - 1996	136/100	2996	k.N.	6.400	4.000	1.100	k.N.

W 124 Coupés

Modell	Baujahr	PS/kW	cm³	1	2	3	4	5
200 CE	1992 - 1993	136/100	1998	k.N.	7.500	3.700	1.700	k.N.
220 CE KAT	1992 - 1993	150/110	2199	k.N.	8.000	4.200	1.700	k.N.
230 CE	1987 - 1992	132/97	2298	k.N.	6.500	3.000	1.200	k.N.
300 CE	1987 - 1989	188/138	2960	k.N.	7.700	3.800	1.700	k.N.
300 CE Kat	1989 - 1992	179/132	2932	k.N.	8.300	4.400	1.800	k.N.
300 CE-24 AMG	1992 - 1993	252/185	3314	k.N.	12.200	8.000	4.100	k.N.
300 CE-24 Kat	1989 - 1992	220/162	2960	k.N.	8.800	4.600	1.900	k.N.
320 CE Kat	1992 - 1993	220/162	3199	k.N.	9.000	4.700	2.000	k.N.
E 200 C	1993 - 1996	136/100	1998	k.N.	7.600	3.800	1.700	k.N.
E 220 C	1993 - 1996	150/110	2199	k.N.	8.100	4.300	1.700	k.N.
E 320 C	1993 - 1996	220/162	3199	k.N.	9.200	4.800	2.000	k.N.
E 36 AMG	1993 - 1996	272/200	3595	k.N.	16.200	10.200	5.500	k.N.

5 Vor der ersten Inaugenscheinnahme

Sie kennen die erste Bürgerpflicht? Ruhe bewahren! Zu große Begeisterung vernebelt die Sinne und den klaren Blick. Beides werden Sie bei der Suche nach „Ihrem" W 124 brauchen. Informieren Sie sich vorab über die Marktlage, studieren Sie Fachmagazine und versuchen Sie, ein Gefühl für realistische Preise zu bekommen. Sind Sie sich unsicher, nehmen Sie Kontakt zu einem der zahlreichen Clubs auf oder fragen Sie jemanden in Ihrem Bekanntenkreis, der Erfahrung mit älteren Fahrzeugen hat. Viele der im Folgenden genannten Punkte haben beim Klassikerkauf allgemeine Gültigkeit und beziehen sich nicht ausschließlich auf den Mercedes W 124. Sie zu beachten, wird Ihnen also in jedem Fall helfen.

Wo steht der W 124?

Das Angebot an guten Exemplaren ist groß und eventuell steht Ihr vermeintlicher Traumwagen am anderen Ende der Republik. Dennoch lohnt es sich – bevor Sie eine mehrstündige Anreise in Kauf nehmen – zunächst den Markt rund um Ihren Wohnort, bis maximal 100 km Entfernung, zu sichten. Sie werden in jedem Fall eine Menge Fahrzeuge in den unterschiedlichsten Zuständen und Preiskategorien sehen und lernen, in welchem vernünftigen Verhältnis beides für Sie zueinander stehen sollte. Und wer weiß? Vielleicht wartet der W 124, den Sie zu finden hoffen, ja schon im Nachbarort.

Solche Fahrzeuge werden selten angeboten: Ersthand-230 E mit lückenloser Historie, guter Ausstattung und unter 50.000 Kilometern. Geschenkt gibt es so etwas nicht. Schon gar nicht von seriösen Händlern wie Leseberg in Hamburg. (Foto: Autor)

Händler oder Privatverkäufer?

Inzwischen gibt es – neben „Kiesplatz"- oder „Fähnchenhändlern" – einige Betriebe, die sich auf den Handel mit klassischen Mercedes-Benz spezialisiert haben. Arbeiten diese seriös, finden Sie dort zumindest keinen rollenden Schrott. Der Händler steht ja auch in der Gewährleistungspflicht, was große Vorteile hat, und wird Ihnen daher ordentliche Ware verkaufen wollen. Die hat dann allerdings ihren Preis. Gerade im Fall der Baureihe W 124 sind derzeit eklatante Unterschiede zwischen gewerblichem und privatem Markt festzustellen, die qualitativ nicht immer zu rechtfertigen sind. Bleibt immer noch der Privatkauf ohne Netz und doppelten Boden. Entweder sollten Sie selbst in der Lage sein, den Zustand eines Fahrzeuges einigermaßen sicher zu beurteilen oder Sie nehmen zum Besichtigungstermin jemanden mit, der das kann. Ein Restrisiko bleibt natürlich. Zu guter Letzt: Welchen Eindruck macht der Verkäufer auf Sie? Haben Sie das Gefühl, dass er sein Auto gut kennt und entsprechende Belege vorweisen kann, ist das Risiko beim privaten Kauf geringer.

Guter Kauf, wenn man weiß, auf was man sich einlässt: Diesel-Limo zum fairen Kurs aus privater Hand, hier auf der Bremen Classic Motorshow 2014. (Foto: Autor)

Kosten der Überführung

Übergibt der Verkäufer Ihnen das Auto angemeldet, brauchen Sie keine weiteren Kosten einzuplanen. Sie überführen ja auf eigener Achse und melden das Fahrzeug am Heimatort auf sich um. Erwerben Sie jedoch ein abgemeldetes Auto, gibt es zwei Möglichkeiten: Entweder Sie mieten sich einen Trailer (was natürlich nur dann geht, wenn Sie Zugriff auf ein mit Anhängerkupplung ausgerüstetes Zugfahrzeug haben) oder Sie beantragen eine Kurzzulassung („5-Tages-Kennzeichen"). Die benötigten Unterlagen bekommen Sie von Ihrer Versicherung oder bei der Zulassungsstelle. Ein Anhänger kostet oft nicht mehr als um die 50 Euro pro Tag (Kaution einplanen!), viele Versicherer verrechnen die Kosten der Kurzzulassung kulant mit der ersten Versicherungsprämie.

Besichtigung – wann und wo?

Auf jeden Fall bei Tageslicht und zumindest trockenem Wetter. So erkennen Sie optische (Lackschäden, Dellen) und technische (Öl- bzw. Flüssigkeitsverlust) Mängel besser. Sollte eine Grube oder eine Hebebühne vorhanden sein, nutzen Sie die Möglichkeit, den Unterboden des Kaufobjekts zu inspizieren.

Was ist der Grund für den Verkauf?

Lobt ein Verkäufer sein Auto in den höchsten Tönen, hat aber keine plausible Antwort auf die Frage, weshalb er es dennoch veräußern möchte? Dann sollten bei Ihnen die Alarmglocken schrillen! Versuchen Sie herauszufinden, wie viele Vorbesitzer das Auto hatte und in welchem Turnus diese wechselten. Hier ist es hilfreich, wenn der alte Fahrzeugbrief noch vorhanden ist. Es ist normal, wenn ein mehr als 20 Jahre altes Fahrzeug in seinem Leben bereits zwei oder drei Besitzer hatte. Sind es deutlich mehr und haben diese den Wagen immer nur wenige Monate besessen, hat das immer Gründe.

Allgemeiner Zustand

Auch da können Sie dem Verkäufer auf den Zahn fühlen: Kann er Ihnen zusätzliche Angaben machen, die über den Anzeigentext hinausgehen? Hat er Reparaturbelege und Rechnungen, eventuell Fotos? Je plausibler und umfangreicher Antworten und Unterlagen sind, desto besser.

Original oder getunt?

Das ist zunächst Geschmackssache. Zeitgenössisch „aufgebrezelte" Karossen können ihren Reiz haben. Fahrzeuge in gepflegtem Originalzustand sind in jedem Fall gesuchter und auch teurer. Auch die begehrte H-Zulassung ist bei ihnen wahrscheinlicher. Für getunte Autos wird sie nur gewährt, wenn belegbar ist, dass das verbaute Zubehör während der Bauzeit des Autos zu haben war. 18 oder 19 Zoll große Räder mit entsprechender Breitbereifung sind da schon gute Gründe gegen Erteilung des H-Status. Außerdem ist davon auszugehen, dass die recht komplexe Achskonstruktion des W 124 unter solchen „Monsterpuschen" – meist in Verbindung mit satter Tieferlegung – gelitten hat. Soll es dann trotzdem ein Tuningfahrzeug sein, ist wichtig, dass alle Änderungen in den Papieren eingetragen oder ihre Konformität mit ABE-Unterlagen nachweisbar sind.

Mit Karosserieteilen von AMG und Göckel veredelter E 320T. Das Bodykit ist zeitgenössisch und dürfte somit auch bei einer H-Zulassung durchgehen. (Foto: Jan Strunk)

Ein AMG reinsten Wassers: Hier ist nichts verbastelt, sondern mit originalen Teilen ab Werk ausgeliefert worden. Ein solches Fahrzeug ist ein Zeitdokument.
(Foto: Frank Homann)

Stimmen die Fahrzeugdaten?

Fragen Sie den Verkäufer unbedingt, ob der angebotene Mercedes frei von Ansprüchen Dritter ist (etwa einer Bank). Anhand der Fahrgestellnummer können Sie im Zweifel bei der Zulassungsstelle nachfragen, ob das Fahrzeug als gestohlen gemeldet wurde.

Die Sache mit dem Sprit

Mercedes-Fahrzeuge mit Benzinmotor bis einschließlich Baujahr 1985 (inklusive Vergaser-Versionen und Fahrzeuge ohne werksseitigen Kat) vertragen kein E10. Fahrzeuge der Baureihe W 124 mit Kat und Einspritzer ab 1986 können dagegen unbedenklich mit E10-Kraftstoff betrieben werden.

Versicherung

Grundsätzlich stufen die Versicherer einen W 124 in durchaus bezahlbarem Rahmen ein. Die Topmodelle mit V8-Benziner und die Cabriolets kommen teurer. Manche akzeptieren den 124er gar schon als Youngtimer oder Klassiker. Dafür gibt es dann spezielle Tarife, die im Einzelfall an Bedingungen (Kilometerlimitierung pro Jahr oder Nachweis eines Alltagsfahrzeugs) geknüpft sind.

Wie kann ich bezahlen?

Privatgeschäfte sind meist Bargeschäfte, bei einem Händler können Sie den Kaufpreis in der Regel auch überweisen. Ein seriöser Kaufmann sollte sich darauf einlassen. Bestehen Sie in jedem Fall auf einem ordentlichen Kaufvertrag.

Kaufen auf einer Versteigerung?

Wenn Sie sich mit dem Gedanken tragen, Ihr Fahrzeug bei einer Auktion zu erwerben, lesen Sie unbedingt Kapitel 10 dieses Buches! Bedenken Sie, dass Sie bei einer Auktion oft nur begrenzte Zeit zur Besichtigung zur Verfügung haben und Probefahrten sind meistens nicht möglich. Außerdem wird in der Regel ein so genanntes „Aufgeld" berechnet, das zum eigentlichen Kaufpreis hinzukommt. Und: Kaufen Sie nicht blind im Internet! Eine gewonnene Ebay-Auktion ohne vorherige Besichtigung des Objekts kann im Desaster enden.

Professionelle Überprüfung des Fahrzeugs

Fehlt Ihnen das Fachwissen, den Zustand eines Fahrzeugs realistisch einschätzen zu können, nehmen Sie zur Besichtigung einen versierten Bekannten mit. Alternativ können Sie mit dem Verkäufer vereinbaren, dass Sie das Fahrzeug in einer Kfz-Werkstatt oder bei einer Prüforganisation (TÜV, Dekra, GTÜ etc.) zum Gebrauchtwagen-Check vorführen dürfen. Wenn der Verkäufer nichts zu verbergen hat, sollte er Ihnen das nicht verweigern.

6 Inspektionsausrüstung

- **Dieses Buch**
- **Lesebrille (falls Sie eine benötigen)**
- **Magnet (ein schwacher reicht aus)**
- **Taschenlampe**
- **Kleiner Schraubendreher**
- **Mechanikeroverall**
- **Spiegel mit verlängerter Halterung**
- **Digitalkamera**
- **Einen Freund, möglichst einen mit Fachwissen**

Bevor Sie die Probefahrt machen, sollten Sie ein paar Dinge einstecken. Haben Sie keine Scheu, den Wagen wirklich gründlich zu untersuchen. Der Verkäufer soll sehen, dass Sie vorbereitet sind. Das vielleicht wichtigste Hilfsmittel ist dieses Buch. Vergessen Sie nicht Ihre Lesebrille, sofern Sie eine benötigen.

Ein Magnet entlarvt Blender, deren Karosserie viel Spachtel trägt. Nur wo blankes Blech unterm Lack liegt, bleibt der Magnet haften. (Vorsicht! Nicht den Lack zerkratzen!) Zunächst sollten Sie den Verkäufer nach Reparaturen fragen. Eine dünne Schicht Füllspachtel gehört zu den meisten Karosseriereparaturen, auch zu professionellen. Das Fahrzeug sollte aber nur kleinflächige Spachtelungen aufweisen. Große Schäden behebt ein Profi mit neuen Blechen. Es spricht nichts gegen eine professionelle Restaurierung. Allerdings sollte der Verkäufer mit offenen Karten spielen und nichts verheimlichen.

Eine Taschenlampe bringt Licht in dunklen Ecken, und davon gibt's eine Menge, etwa Radhäuser, Motorraum und der Raum unter dem Armaturenbrett. Testen Sie mit einem kleinen Schraubendreher – vorsichtig! – verdächtig aussehende Bereiche des Unterbodens und der Radhäuser. Auf diese Weise lassen sich unter dem Unterbodenschutz verborgene Durchrostungen finden. Will der Verkäufer Sie davon abhalten, sollten Sie die Besichtigung abbrechen. Der Prüfer bei der nächsten HU wird später genau auf diese Weise kontrollieren.

Wenn keine Möglichkeit besteht, das Auto auf eine Hebebühne zu fahren, sollten Sie vorbereitet sein, sich auf den Boden zu legen. Nehmen Sie einen Overall mit, den Sie über die Kleidung ziehen können. Auch ein Spiegel auf einer Teleskopstange oder am Ende eines Stocks ist hilfreich. Mit seiner Hilfe können Sie unter dem Auto und im Motorraum kontrollieren, was sich dem Blick sonst entzieht.

Fotografieren Sie Stellen, bei denen Sie sich nicht sicher sind. So können Sie später in Büchern und bei Experten Rat einholen. Überhaupt ist es ratsam, einen kompetenten Begleiter zur Probefahrt mitzunehmen. Eine zweite Meinung – und ein objektiver, weil nicht von Begehren getrübter zusätzlicher Blick – sind beim Autokauf nie schädlich.

7 15-Minuten-Prüfung – gehen oder bleiben?

In einer Viertelstunde werden Sie nicht beurteilen können, ob der blecherne Kandidat tatsächlich der lange gesuchte Kumpel fürs Leben ist. Manche Mängel erkennen weder der ehrlichste Verkäufer noch der pfiffigste Interessent, andere Fehler entwickeln sich schleichend. Schließlich reden wir hier über ein Fahrzeug, das mindestens 20 Jahre alt ist. Sie tun in jedem Fall gut daran, niemals von einem perfekten Zustand auszugehen. Wenn das Auto mit diesen Worten angepriesen wird, gleich gar nicht. Die folgende Checkliste gibt Ihnen zumindest einige Anhaltspunkte darüber, ob sich eine intensivere Beschäftigung mit dem Objekt der Begierde lohnt.

Dieses Auto ist optisch tadellos, hinter der polierten Fassade gibt es jedoch Handlungsbedarf. (Foto: Autor)

Optik/Karosserie:

Es sollte selbstverständlich sein, dass die Besichtigung eines Fahrzeuges bei mindestens trockenem, besser sonnigem, Wetter stattfindet. Denn nur so erkennen Sie rasch, ob partielle Nach- oder Neulackierungen stattgefunden haben. Farbunterschiede zwischen Türen, Kotflügeln und Hauben – und seien es nur Nuancen – hat es ab Werk nicht gegeben! Auch schiefe oder weit auseinanderklaffende Spaltmaße nicht. Es muss nicht immer ein kapitaler Unfallschaden dahinterstecken, aber der Verkäufer sollte eine plausible Erklärung liefern können. Abschürfungen am Kunststoff der Stoßfänger, Schürzen oder Seitenbeplankungen können durchaus als „Kampfspuren" eines Alltagsfahrzeuges durchgehen. Sind diese Anbauteile allerdings gerissen, gebrochen oder auffällig verformt, sollte man der Sache auf den Grund gehen. Möglicherweise steckt der eigentliche – und weitaus größere – Schaden dahinter.

Als nächstes ist es sinnvoll, sich potenziellen Rostnestern zuzuwenden: Werfen Sie zuallererst einen Blick auf alle vier Wagenheberaufnahmen. Handelt es sich um ein Fahrzeug mit Seitenbeplankung (ab Mopf 1), müssen Sie dazu die Abdeckungen entfernen. Sind die Aufnahmen deutlich von Rost gekennzeichnet, können Sie davon ausgehen, dass auch die Schweller bereits befallen sind. Wenn Sie jetzt keinen „Schweißer-Gott" kennen, können Sie die Besichtigung hier beenden. Die Instandsetzung ist aufwändig und wird teuer. Ob die Kotflügelkan-

Kleine Parkrempler wie diese sind oft mit „Smart Repair" zu beheben. (Foto: Frank Homann)

Diese Wagenheberaufnahme eines „Vor-Mopf"-Fahrzeuges zeigt bereits deutlichen Rostansatz. Vorteil der frühen Modelle ohne Seitenbeplankung: Man sieht den Rost gut und kann rechtzeitig handeln. (Foto: Frank Homann)

Bei Fahrzeugen ab Mopf 1 müssen Sie die Abdeckung der Wagenheberaufnahme öffnen, um diese zu prüfen. Diese ist (noch) ganz ordentlich. (Foto: Autor)

Einen solchen Kotflügel kann man nur noch austauschen. Er ist von innen nach außen durchgefault. Man sollte unbedingt schauen, wie es dahinter aussieht. (Foto: Autor)

Dieser Scheibenrahmen erfordert Arbeit. Und zwar schnell! (Foto: Frank Homann)

ten vorn (speziell der Bereich im Übergang Stoßfänger/ Kotflügel, insbesondere auf der Beifahrerseite), die hinteren Radläufe und das so genannte „Kniestück" bereits Blasen werfen, erkennt man schnell. Auch die Türböden und die Türrahmen (Dichtungen anheben!), sowie die Heckklappe, Front- und Heckscheibenrahmen und beim T-Modell die Rahmen der hinteren Seitenscheiben (auch hier: Innendichtungen anheben!) sollten inspiziert werden. Haben sich Rostnester gebildet, ist das oft unschön, aber selten dramatisch und recht gut zu reparieren. Auch um den Sockel der Antenne herum blüht es gern. Ein Schönheitsfehler, mehr nicht. Hat das ausgewählte Fahrzeug ein Schiebedach, schauen Sie sich den Rahmen von außen und innen an (Wasserabläufe frei?) und prüfen Sie unbedingt die Funktion!

Wenn Sie die Möglichkeit haben, das Auto aus einer Grube heraus oder auf einer Hebebühne von unten zu inspizieren, nutzen Sie diese. Werfen Sie, am besten mit einer starken Leuchte, einen Blick auf die Aufnahmen der vorderen Federn (Sind die Federn selbst intakt? Mitunter ist die erste Windung gebrochen.) und auf die Befestigung der hinteren Stoßdämpfer sowie generell auf alle Lager von Vorder- und Hinterachse. Selbstverständlich sollten auch alle am Wagenboden verlaufenden Benzin-, Hydraulik- und Bremsleitungen ohne Befund sein und etwa Bremsschläuche nicht rissig oder auffallend hellgrau verfärbt aussehen. Wirkt der Unterboden auffallend sauber oder dick mit frischem Schutz überzogen, darf man ruhig stutzig werden. Ob die Auspuffanlage intakt aussieht, registriert man meist nebenbei. Zuletzt kann es auch nicht schaden, die Motorhaube zu öffnen und sich den Bereich rund um den und unterhalb des Waschwasserbehälters und – wenn möglich – den Batterieboden anzusehen.

Was außen blüht, ist von innen faul: Kontaktkorrosion der aufgesetzten Alu-Zierleiste mit dem eigentlichen Scheibenrahmen. (Foto: Frank Homann)

Wenn man die Laufschienen des Schiebedaches regelmäßig pflegt, läuft es leise und geschmeidig auf und zu. (Foto: Autor)

TÜV-Prüfer erkennen hier einen erheblichen Mangel und verweigern die Plakette: Federbrüche an der Vorderachse (erste Windung) sind leider typisch und für den Laien nicht zu bemerken, da sich das Fahrverhalten des Autos kaum ändert. (Foto: Autor)

Ohne Befund: An diesen Leitungen gibt es nichts auszusetzen. (Foto: Autor)

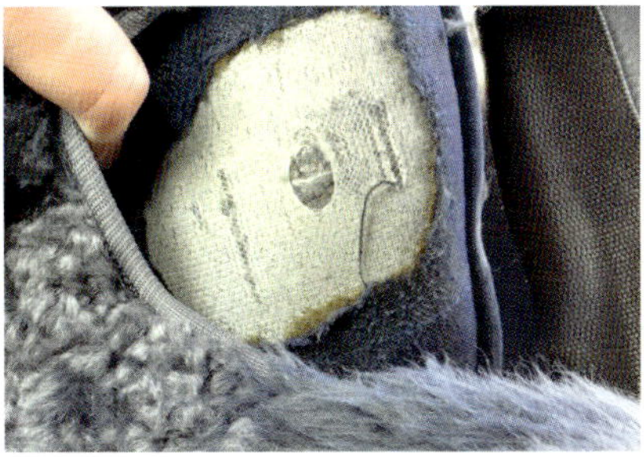

Ebenfalls typisch: Durchgescheuerte Wangen an der Fahrersitzaußenseite treten bei Stoffinterieurs regelmäßig relativ früh auf. Velours, Leder und MB-Tex sind davon kaum betroffen. (Foto: Autor)

Innenraum:

Wenn Sie die Fahrertür öffnen, fällt Ihr erster Blick auf die Außenwange des Fahrersitzes. Das ist auch gut, denn meistens ist sie abgewetzt oder völlig durchgescheuert. Was nicht zwangsläufig ein Indiz für ein „abgerocktes" Fahrzeug sein muss. Achten Sie auch auf Abnutzungsspuren auf den Pedalen und auf dem Schaltknauf. Für Kunststofflenkräder gilt: Ist die charakteristische Strukturierung des Kranzes noch gut sichtbar oder ist er „glatt"? Bei Lederlenkrädern beachten: Wie sehen die Nähte aus? Wirkt der Kranz speckig, rissig? Passt der Gesamteindruck der Innenausstattung zum Tachostand und zum Baujahr? Sind die Polster der Sitzanlage noch einigermaßen straff oder wirken sie durchgesessen, gibt es Wasserflecken (unbedingt auch unter die vorderen Bodenteppiche schauen!)?

Von der Sonne ausgeblichene Hutablagen oder Rückbankoberkanten kommen gerade bei den Stoffinterieurs häufig und auch schon bei recht „jungen" Fahrzeugen vor. Entweder lebt man damit oder behebt es später. Ein „Killerkriterium" gegen das entsprechende Auto ist es nicht. Lassen Sie den Innenraum auf sich wirken und checken Sie die technische Ausstattung. Funktionieren alle Taster und Schalter? Lüftung, Heizung, Klimatisierung, Fensterheber (auch die mechanischen Kurbelheber können streiken)? Wichtig ist auch die korrekte Funktion des Schiebedachs: Lässt es sich geräuschfrei und einigermaßen zügig öffnen und schließen? Stellt es sich auf? Klappt der Windabweiser problemlos auf und zu? Sehen Sie sich die Laufschienen des Dachs an: Eine ordentliche Reinigung und Behandlung mit Sprühfett hat schon manchen vor teurer Reparatur gerettet.

Fast schon zum „Normalbefund" bei einem W 124 gehört, dass Teile der Armaturenbeleuchtung ausgefallen sind. Entweder im Kombiinstrument oder im Bereich der Heizungs- und Lüftungsregelung. Das ist kein Anlass zur großen Sorge, geschickte Hobbyhandwerker können das selbst beheben. Die Lämpchen haben Stecksockel, müssen also nicht gelötet werden. Weitere potenzielle Feh-

Dass dieser Schalthebel bereits seit 25 Jahren und über 280.000 Kilometern täglich „angegriffen" wird, sieht man ihm nicht an. (Foto: Autor)

Irgendwann blättert der Lack: Abgenutzte Schalter kommen bei beanspruchten Fahrzeugen vor, lassen sich aber problemlos tauschen. (Foto: Autor)

Der Windabweiser sollte sich geräuschlos und zügig aufrichten und auch wieder einklappen. Sprühfett wirkt Wunder! (Foto: Autor)

lerquellen stecken im Kombihebel für Blinker, Fernlicht und Wischerfunktion. Ersatz ist alles andere als günstig. Das trifft auch zu, wenn die komplexe Hubmechanik des Einarmwischers ausfällt. Läuft er auffallend langsam oder hebt sich nicht während des Wischvorgangs, kündigt das eine baldige Reparatur an. Defekte Automatikantennen lassen sich leicht auch durch mechanische ersetzen.

Technik:

Steht das Auto auf der Hebebühne, gilt der nächste Blick Alter und Zustand der Reifen, den Hardyscheiben und den Gelenkwellen sowie Bremsscheiben und -belägen. Öffnen Sie dann die Motorhaube und prüfen Sie das Kühlwasser und den Deckel des Öleinfüllstutzens: Finden sich ölige Schlieren im Wasserbehälter, riecht es ölig oder verbrannt? Ist der Öldeckel an seiner Unterseite schaumig oder hat weißliche Spuren? Können Sie eine der Fragen bejahen, hat sich mit Sicherheit die Zylinderkopfdichtung verabschiedet oder steht kurz vor dem Kollaps.

Suchen Sie das Kühlsystem nach Undichtigkeiten ab. Helle Flecken an Schlauchverbindungen, Schläuchen oder dem Kühler künden von Kühlmittel-Lecks. Riecht es im Motorraum stark nach Kraftstoff, können Leitungen leck sein. Völlig verölte Motoren sind genauso verdächtig wie eine blitzblanke 300.000-Kilometer-Maschine. Wenn der Motor nach Arbeit aussieht, aber nirgendwo nässt, ist in der Regel alles gesund.

Nun empfiehlt es sich, das Aggregat anzuwerfen und ihm bei der Arbeit zuzuhören. Und zwar im kalten und nach einer Probefahrt noch einmal im warmen Zustand. Läuft es harmonisch und ohne auffällige Klapper- und Klackergeräusche? Schleift etwas? „Sägt" die Maschine im Leerlauf? Sollte der Keilriementrieb Geräusche von sich geben, ist das unverdächtig. Selbst nach einem Wechsel des Riemens inklusive der kompletten Spannvorrichtung kann die Mechanik nach relativ kurzer Zeit wieder anfangen zu quietschen. Damit muss man dann leben. Wenn die Spannung okay ist und der Riemen gut aussieht, muss man sich aber in der Regel keine Sorgen machen.

Während der Probefahrt: Ohren spitzen! Wummern die Räder oder summt es vernehmlich bei Kurvenfahrt? Entweder verkündet ein Radlager sein baldiges Ableben, die Achsgeometrie ist verstellt oder die Räder haben eine Unwucht. Nichts, was man nicht beheben könnte. Aber: Lange warten sollte

Der Kombischalter ist ein begehrtes Ersatzteil, gebraucht nur schwer zu bekommen und neu alles andere als günstig. (Foto: Autor)

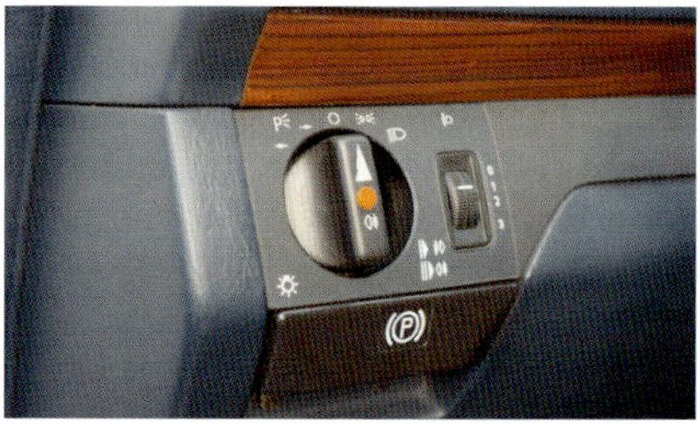

Der Lichtschalter ist in der Regel robust. (Foto: Autor)

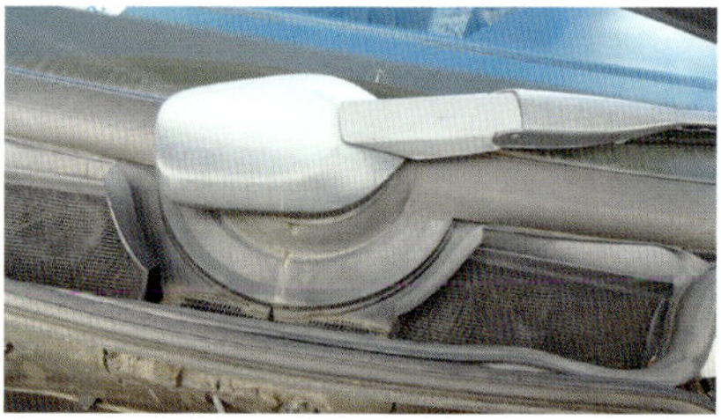

Der Wischermotor selbst ist im Grunde ein problemloser Geselle, so lange die Hubmechanik des Wischers intakt ist. Falls nicht, kann ein Austausch ins Geld gehen. (Foto: Autor)

Ist das Hinterachsdifferenzial so trocken wie hier und macht keine auffälligen Geräusche, ist es in der Regel in Ordnung. Nachschauen sollte man aber dennoch. (Foto: Autor)

man damit nicht. Hat der Wunschkandidat ein Automatikgetriebe, sollten die Schaltvorgänge sanft erfolgen (absolut ruckfrei ist die Automatik nicht) und die Schaltpunkte exakt eingehalten werden. Haben Sie das Gefühl, dass der Wandler auffällig lange braucht, um die nächste Fahrstufe einzulegen, stimmt in der Regel etwas nicht. Mitunter reichen aber der Wechsel des Getriebeöls und das Reinigen der Filtersiebe. Beides ist entgegen vielfach gehörter Meinungen regelmäßig nötig. Der Wagen fährt danach garantiert komfortabler. Die Schaltboxen gelten generell als etwas hakelig, aber robust. Mercedes-typisch gilt es, die Funktion der Fußfeststellbremse zu kontrollieren. Ihr Pedalweg sollte nicht allzu lang sein und sie sollte das Fahrzeug am Hang sicher halten. Zu guter Letzt prüfen Sie das Lenkspiel. Bei einem betagten Mercedes ist es in Maßen normal, dass es sich vergrößert. Übermäßig ausgeleiert wirken sollte die Lenkung nicht.

Fazit:

Vermutlich haben Sie für all diese Punkte doch länger gebraucht als 15 Minuten. Aber es handelt sich um gut investierte Zeit, die im Zweifel bares Geld spart.

Dieser Kühlwasserstutzen ist schlicht über die Jahre oxidiert. Wichtiger ist, welche Farbe das Wasser hat und wie es riecht. (Foto: Autor)

Hier hat jemand beim Ölauffüllen gekleckert, ansonsten ist alles dicht. Auffallend saubere oder stark verschmutzte (verölte) Motoren sind ein Warnsignal. (Foto: Autor)

Dieser Keilriemen wurde samt Spannvorrichtung vor kurzem erneuert. Völlig geräuschlos läuft er dennoch nicht. (Foto: Autor)

Wenn die Feststellbremse regelmäßig benutzt wird, macht sie kaum Ärger. (Foto: Autor)

8 Problemstellen

Manche der neuralgischen Punkte, die über den Zustand eines W 124 entscheiden, wurden bereits erwähnt. Hier die Wichtigsten in kompakter Form.

Karosserie allgemein:

Rost an und um die Wagenheberaufnahmen herum (ab Mopf 1 Abdeckkappen entfernen) schwächt die Karosseriestruktur, da in den meisten Fällen bereits die Schweller befallen sind. Rost findet sich auch in den Rahmen von Front- und Heckscheibe. Sind die Scheiben milchig-weiß umrandet, ist dies ein ziemlich sicheres Indiz. Prüfen Sie Türböden und -rahmen unter den Dichtungen, beim T-Modell die unteren Rahmen der Seitenscheiben (Dichtungen innen anheben). Dort wütet der Rost im Verborgenen. Werfen die Rahmen der hinteren Seitenscheiben bereits von außen sichtbare Blasen, sind umfangreiche Schweißarbeiten unvermeidbar. Gut gedeihen kann der Rost auch unter den Seitenbeplankungen der Modelle ab Mopf 1 („Sacco-Bretter"). Sind hier Rostblasen an der Oberkante der Beplankung zu erkennen, ist das Blech darunter meist hinüber. Weitere Kontrollpunke: Radläufe vorn und hinten sowie das Kniestück vor dem hinteren Radlauf und der Übergangsbereich Stoßfänger/Kotflügel vorn rechts, schließlich der Bereich um den Antennensockel.

Solche Milchränder mag der TÜV-Prüfer gar nicht. Die Ursache liegt meist im Scheibenrahmen. (Foto: Autor)

Hier ist der Rostbefall noch oberflächlich und kann entfernt werden. Aber: Woraus ist er entstanden? Läuft Wasser durch defekte Dichtungen in die Tür oder hinter die Seitenbeplankung? (Foto: Autor)

Front:

Wie schlimm sind Steinschlagschäden auf Motorhaube, Frontmaske, Kühlergrill? Ist der Chromrand des Kühlergrills unbeschädigt? Sind Kunststofflamellen gebrochen? Fährt die Lasche zum Öffnen der Haube problemlos heraus? Ist der Kühlerstern schief oder gar abgebrochen? Sind Reflektoren und Streuscheiben der Scheinwerfer klar? Findet der Einarmwischer die Ruheposition? Hebt er sich sauber in beide obere Ecken der Windschutzscheibe?

Prüfen Sie, ob sich die schwere Motorhaube in beiden möglichen Positionen sicher verriegeln lässt. Achtung: Nicht die Finger einklemmen! (Foto: Autor)

Heck:

Kontrollieren Sie die Unterkante der Heckklappe und den Bereich um den Griff, um die Kennzeichenleuchten und Schloss auf Rost. Funktionieren die Kennzeichenleuchten? Findet sich das Warndreieck in seiner Halterung und ist diese intakt? Funktionieren Dämpfer und Zuziehhilfe (teuer und gebraucht eher selten) der Heckklappe des T-Modells? Funktioniert der Heckwischer (Kabelbruch)? Bei Fahrzeugen mit Anhängerkupplung: Wie sieht der elektrische Anschluss aus? Bei Fahrzeugen mit serienmäßiger Niveauregulierung, speziell T-Modell: Steht das Heck in unbeladenem Zustand unnatürlich hoch? Eventuell sind die Druckspeicher defekt.

Motorraum:

Ist der Motor auffallend verdreckt oder zu sauber für seine Laufleistung? Beides ist nicht gut. Ein kleiner Ölfilm rund um den Öleinfüllstutzen ist normal, größere „Kleckereien" nicht. Ist das Kühlwasser ölig oder riecht verbrannt? Ist der Deckel des Öleinfüllstutzens innen schaumig oder weißlich-klebrig? Falls ja, könnte das auf eine verendete Zylinderkopfdichtung schließen lassen. Deuten helle Flecken an Kühlschläuchen und Kühler auf Flüssigkeitsverlust hin? Ist die Motorraumdämmmatte intakt oder vom Marder oder der Zeit angefressen? Sind alle Flüssigkeitsbehälter (besonders Brems- und Hydraulikflüssigkeit für Lenkung und Hinterachse) ausreichend und frisch befüllt sowie dicht? Achten Sie auf lose Kabel und Schläuche.

Innenraum:

Passt der Zustand des Innenraums zur genannten Laufleistung und zum Baujahr? Ist die türseitige Sitzwange des Fahrersitzes verschlissen? Lenkradkranz „glatt"? Pedale abgetreten, Schaltknauf abgegriffen? Schalter-, Tastersymbole abgewetzt? Beleuchtung der Armaturentafel funktionsfähig? Kontrollleuchten und Sonderfunktionen – etwa der aufpreispflichtige – Reiserechner oder der Überblendregler für Hecklautsprecher intakt? Wasserflecken am Himmel (bei Fahrzeugen mit Schiebedach) oder im Fußraum?

Unterboden:

Prüfen Sie den Zustand aller Leitungen (Benzin-, Brems-, Hydraulik-). Sind Traggelenke, Querlenker, Vorderachsfedern und Achsaufnahmen ohne Befund, Hinterachslager, Schub- und Zugstreben sowie Stoßdämpfer intakt? Sind die Abnutzung von Bremsscheiben und -belägen sowie Profilbild und Alter der Reifen noch tolerabel? Hardyscheiben und Gelenkwelle prüfen. Zustand der Auspuffanlage und des Katalysators? Überprüfen Sie den Allgemeinzustand des Unterbodens. Auffallend dicker oder frischer Unterbodenschutz ist verdächtig.

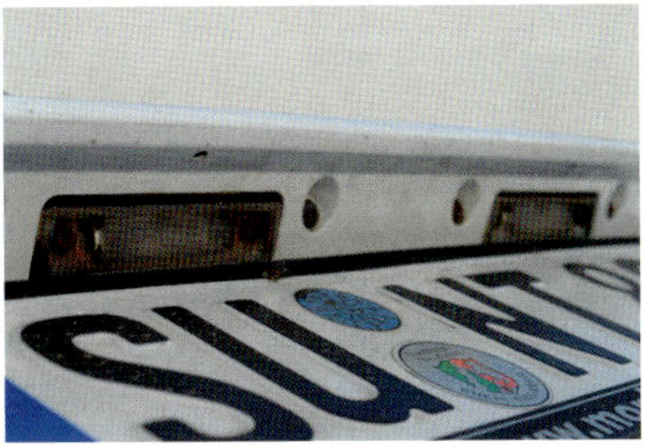

Ist hier ein Lämpchen defekt, ist der Austausch Minutensache. Die Deckgläser sind verschraubt. (Foto: Autor)

Unschön, aber nicht tragisch: Hier ist die Motordämmmatte völlig zerfressen und sollte ersetzt werden. Manche TÜV-Prüfer erkennen darin einen geringen Mangel. (Foto: Frank Homann)

Rund um derlei Stopfen, von denen es einige gibt, kann sich Rost ansiedeln. Das sollte man nicht verharmlosen, da die braune Pest durch den zähen und dicken Unterbodenschutz generell lange verborgen bleibt. (Foto: Autor)

9 Realistische Bewertung

Vergeben Sie in den entsprechenden Kategorien je nach Zustand die entsprechende Punktzahl (1–4), während Sie den Wagen untersuchen. Dabei bedeutet:

++(4 Punkte) perfekter Zustand
+ (3 Punkte) nahezu perfekter Zustand
o (2 Punkte) restaurierungs- bzw. reparaturbedürftiger Zustand
– (1 Punkt) schwere Mängel

Die Auswertung der Gesamtpunktzahl wird am Ende des Kapitels erklärt. Seien Sie bei der Beurteilung realistisch und lassen Sie sich nicht von der ersten Euphorie blenden, wenn Sie einem vermeintlichen Top-Auto gegenüberstehen – ein kühler Kopf kauft selten Schrott! Nehmen Sie sich Zeit und untersuchen Sie das Fahrzeug gründlich. Hektik und Nachlässigkeit werden meist mit teuren Reparaturen bestraft! Tipp: Nehmen Sie einen Magneten mit, um Spachtelstellen ausfindig zu machen. Eine Taschenlampe, ein Profiltiefenmesser, ein Schraubendreher und ein kleiner Spiegel sind ebenfalls nützliche Helfer.

Äußerer Zustand/Erster Eindruck

Zunächst sollten Sie das Fahrzeug bei trockenem Wetter besichtigen. Nässe und Schnee verfälschen den optischen Eindruck enorm. Wenn die Sonne scheint – noch besser! Dann umrunden Sie das Auto langsam und betrachten es aus allen Perspektiven genau. Steht der Wagen gerade oder hängt er an einer Ecke oder Achse auffallend herab? Ist er innen und außen sauber und in originalem Zustand? Riecht der Innenraum unangenehm oder ist er vergilbt oder verdreckt? Hören Sie ruhig auf Ihr Bauchgefühl, der erste Eindruck ist oft der Richtige.

++	+	o	–
4	3	2	1

In gut gepflegtem Zustand ist ein W 124 ein ganz wunderbarer Alltagsbegleiter. (Foto: Daimler AG)

Farbkombination/Fehlfarben

Farbkombinationen sind bei der Baureihe 124 so eine Sache, es gab – aus heutiger Sicht – sehr skurrile Variationen. Viele haben überlebt und selbst die kurios-schwülstige Kombination aus Rosenholzmetallic und Velours mittelrot rechtfertigt heute nicht mehr unbedingt einen Preisabschlag. Im Gegenteil: Um die so genannten Fehlfarben – wozu auch Beryllmetallic und das recht verbreitete Almandinrotmetallic zählen – formiert sich inzwischen eine eigene Fanszene. Jedenfalls gilt: Gefällt Ihnen eine Farbe nicht, suchen Sie ruhig weiter. Der Markt hält (noch) ausreichende Vielfalt bereit.

++	+	o	–
4	3	2	1

Almandinrot sieht man vergleichsweise häufig, gilt in der Szene aber als recht schrill. (Foto: Daimler AG)

Ein Auto wie ein Bonbon: Für Beryllmetallic muss man selbstbewusst genug sein. (Foto: Daimler AG)

Lack

++ + o –
4 3 2 1

Beim Lack eines deutlich über 20 Jahre alten Autos ist bei weitem nicht alles in Ordnung, was noch halbwegs glänzt. Bei der Suche nach Ihrem Traum-124er werden Ihnen schlampig durchgeführte und vorherige Unfallschäden nur notdürftig verdeckende „Verkaufsduschen" genauso begegnen wie ordentliche und rostfreie Ersthandfahrzeuge, bei denen noch nie eine Nachlackierung erforderlich war. Konzentrieren Sie sich bei der Begutachtung des Lackbildes vor allem auf Blasenbildung an Falzen, Kanten und Karosserieübergängen. Gehen Sie davon aus, dass sich dahinter größere Schäden verbergen können. Fragen Sie rechtzeitig jemanden, der sich mit Karosseriereparaturen auskennt und den Aufwand abschätzen kann. Schrammen und kleinere Macken können Sie dagegen unter der Kategorie „Patina" abhaken und bei Gelegenheit beheben (lassen).

Gerade Unilacke können im Alter stumpf werden. Hier kann eine gute Politur noch etwas retten. (Foto: Autor)

Karosserie, besonders Türen und Hauben

++ + o –
4 3 2 1

Ungleiche Spaltmaße oder hängende Türen und Hauben gab es bei der Baureihe 124 ab Werk nicht! Die Fahrzeuge waren sehr penibel montiert. Schlecht schließende Hauben und Türen oder schiefe Passungen sollten daher immer Anlass für weitere Nachforschungen sein. Fast immer wird ein früherer Unfallschaden die Ursache sein, was man in jedem Fall für einen deutlichen Preisnachlass nutzen sollte. Bei Fahrzeugen, die viel unterwegs waren, werden Steinschlagspuren rund um die Scheinwerfer und auf der Motorhaube vorhanden sein. Sind sie es nicht, könnte es sein, dass der Wagen neu lackiert wurde. Fragen Sie auch in diesem Fall nach dem Grund. Kratzer rund um Türschlösser und Griffe sind dagegen normal.

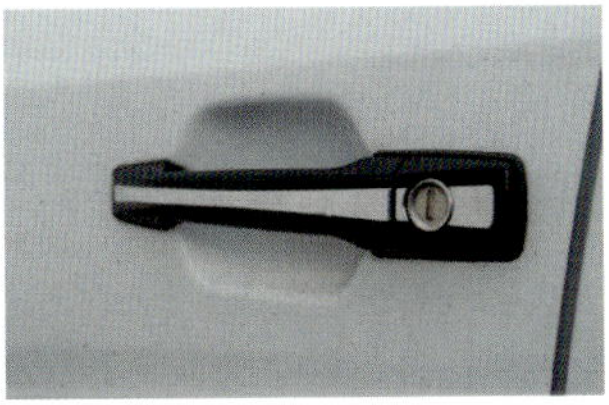

Um die Türgriffe ist der Lack oft zerkratzt. (Foto: Autor)

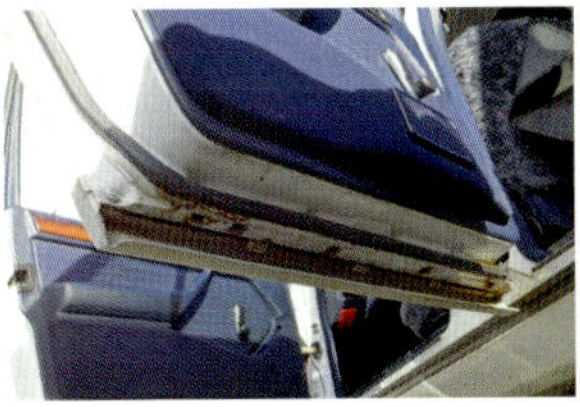

Marode Türen kann man im Zweifel austauschen. Mit etwas Glück findet man Ersatz in der passenden Farbe. (Foto: Autor)

Die geklebten Einstiegsleisten lösen sich im Alter häufig. Nicht immer ist beginnender Rostbefall darunter der Grund dafür, könnte es aber sein. (Foto: Autor)

Wenn´s nur knackt, hilft Sprühöl. Irgendwann müssen Türfangbänder aber auch einfach erneuert werden. (Foto: Autor)

Zwischen Ladekante und Stoßfänger sammelt sich Wasser und trocknet schlecht ab. Rostbefall beginnt hier schleichend, kann aber massiv werden. Bei diesem Fahrzeug ist alles in Ordnung. (Foto: Autor)

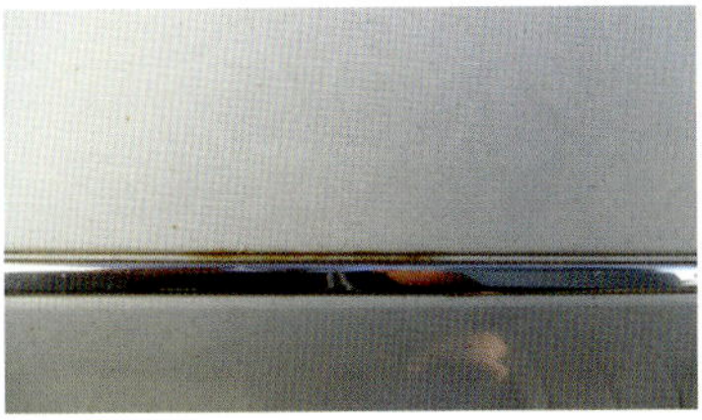

Böse Falle: Was hier noch recht harmlos über den Rand der Schutzbeplankung kriecht, kann nach deren Demontage bereits heftigen Rostbefall der Tür offenbaren. (Foto: Autor)

Unterboden

++ + o –
4 3 2 1

Wenn Ihnen bei der Besichtigung eines W 124 eine Grube oder Hebebühne zur Verfügung steht, sollten Sie von dieser Möglichkeit unbedingt Gebrauch machen! Halten Sie einen Schraubendreher, eine Taschenlampe und einen Spiegel bereit. Auch wenn auf den ersten Blick alles prima aussieht, kann der werksseitig sehr dick aufgetragene und ungemein zähe Unterbodenschutz aus PVC viele Schäden sehr lange verstecken.

Fallen Ihnen also am Unterboden irgendwelche Ungereimtheiten auf – das können Bläschen oder aber auch Flugrostspuren sein – sollten Sie an dieser Stelle vorsichtig drücken oder mit dem Schraubendreher klopfen. Mit an Sicherheit grenzender Wahrscheinlichkeit hat der Rost dort sein zerstörerisches Werk bereits begonnen und es wird knirschen.

Das ist nicht immer das Todesurteil für das betreffende Fahrzeug, gewisse Reparaturen können aber sehr aufwändig und teuer werden. Dazu zählen unter anderem die Hinterachsaufnahmen (Achtung: Sind hier Schäden vorhanden, ist das Fahrzeug nicht mehr verkehrssicher! Lassen Sie sich einen solchen Mangel nicht schönreden!), sowie die Konsolen der Querlenker an der Vorderachse, die an der Quertraverse durchrosten können. Hier muss man klären, ob eine Reparatur überhaupt gestattet ist. Viele Prüfstellen sehen Schweißarbeiten an Achsträgern zu Recht überhaupt nicht gern.

Gut sichtbar sind die Wasserabläufe in den Schwellern auf beiden Fahrzeugseiten (bei Fahrzeugen ab Mopf 1 muss man im Zweifel die Verkleidung abmontieren). In unmittelbarer Nähe finden sich die Wagenheberaufnahmen, die man bei Autos ab September ´89 (Mopf 1 mit „Sacco-Brettern") durch Öffnen der entsprechenden Plastikkappen in der Verkleidung begutachten kann. Rostschäden sind hier nicht selten. Sollten sie noch nicht allzu weit fortgeschritten sein, lassen sich marode Wagenheberaufnahmen vergleichsweise gut sanieren, es gibt auch Reparaturbleche.

Werfen Sie unbedingt auch einen Blick in alle Radhäuser und dort auf die – falls noch vorhanden – Gummistopfen. Sieht es hier ansatzweise gammelig aus, ist vermutlich schon seit längerem Wasser in den Schweller gelaufen und wird dort zu nicht unerheblichen Oxidationen geführt haben. Wenn Sie sich eine Beurteilung über den Zustand des Unterbodens alleine nicht zutrauen, sollten Sie zur Besichtigung des Fahrzeugs unbedingt einen Experten mitnehmen!

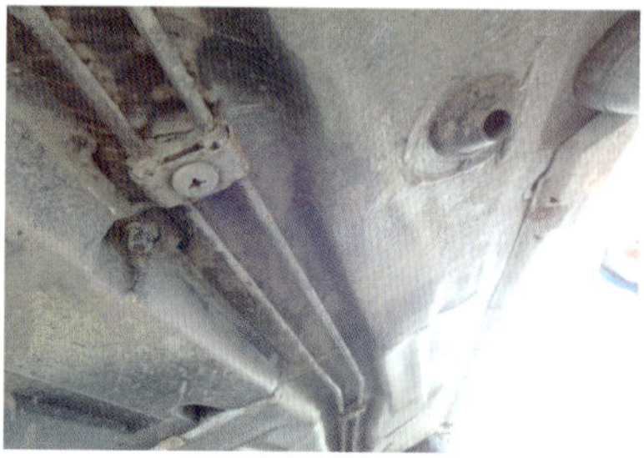

Dieser Ablaufkanal ist gesund. Bilden sich um ihn herum Bläschen oder ist der Unterbodenschutz lose, können sich üble Rostschäden verbergen. (Foto: Autor)

Öffnen Sie nicht nur die Verschlusskappe der Wagenheberaufnahme in der Verkleidung, sondern sehen Sie sich auch den Auflagepunkt für den Hebeteller unter dem Fahrzeug an. Knirscht es hier vernehmlich, bedeutet das Alarm! (Foto: Autor)

Ein Blick hinter diese Klappen (es gibt vier davon) gehört unbedingt zu jeder Besichtigung eines 124ers ab Mopf 1! (Foto: Autor)

Auch der Zustand der Radhausverkleidungen gibt Aufschluss über das Wohlbefinden der Karosserie. Sehen Sie unheilverkündende braune Verfärbungen um diese Stopfen? (Foto: Autor)

Wenn die aufgesetzte Zierleiste aus Aluminium solche Blasen wirft, geht es dem Scheibenrahmen dahinter gar nicht gut. (Foto: Frank Homann)

«Milch»-Ränder bedeuten langfristig teure Reparaturen. (Foto: Autor)

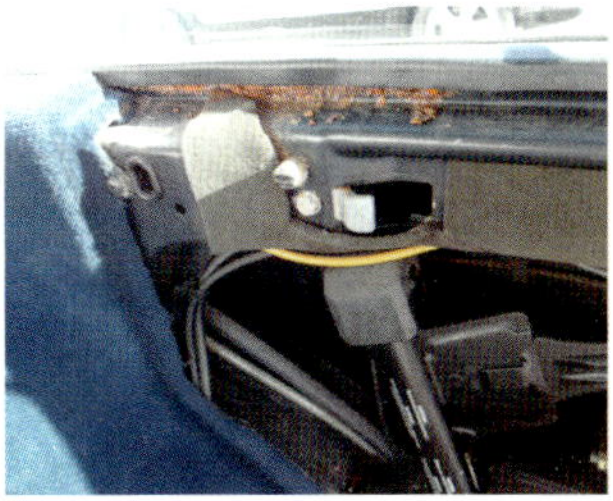

Man kann so etwas instand setzen lassen, aber es wird höchste Eisenbahn! Hier müssen die Scheibe ausgebaut und der Rahmen geschweißt, konserviert und neu lackiert werden. (Foto: Autor)

Dichtungen

++ + o –
4 3 2 1

Generell sollten Sie sich alle Dichtungen – zumindest jene, an die Sie gut herankommen – anschauen. Das betrifft bei der Baureihe 124 besonders die um Front- und Heckscheibe, bei den T-Modellen auch die der hinteren Seitenscheiben. Erkennen Sie Milchränder im Glas oder – beim T-Modell – Rostbläschen auf Zierleisten rund um die Scheiben, ist die Dichtung ihrer Pflicht wohl schon länger nicht mehr nachgekommen und baldige Reparatur ratsam. Teuer werden namentlich die Instandsetzung der hinteren Scheibenrahmen des T-Modells und die des Heckscheibenrahmens beim Coupé. Auch alle Deckeldichtungen im Motorraum erfordern den prüfenden Blick.

Kühlsystem

++ + o –
4 3 2 1

Der Kühler lässt sich gut inspizieren. Er steht frei im Fahrzeugbug. Sind die Lamellen intakt? Gibt es – meist weiße – Kühlmittelspuren? Ist das Kühlmittel dunkel verfärbt? Riecht es ölig oder verbrannt? Ist ausreichend Mittel im Ausgleichsbehälter vorhanden?

Dieser Kühler ist ein wenig verschmutzt, aber intakt und dicht. Achten Sie auch schadhafte Lamellen oder weiße Spuren. (Foto: Autor)

Beleuchtung

++ + o –
4 3 2 1

Prüfen Sie die Funktion aller Leuchten, einschließlich Scheinwerfer, Rückleuchten, Blinker, Brems- und Nebellampen. Auch die Kennzeichenleuchten an der Heckklappe sollten funktionieren, bei der Hauptuntersuchung ist das andernfalls ein Mangel. Späte Modelle (Mopf 2) haben eine dritte Bremsleuchte.

Defekte Kennzeichenleuchten notiert der TÜV als geringen Mangel. Besser auswechseln. (Foto: Autor)

Scheibenwischer/Hubmechanik

++ + o –
4 3 2 1

Abgesehen vom Zustand der Wischergummis (rissig? hart?), die man im Zweifel schnell ersetzen kann, ist bei der Baureihe 124 vor allem die korrekte Funktion der Wischermechanik zu prüfen. Der Einarmwischer hebt sich in zwei Positionen, um das Sichtfeld bis in die oberen Ecken der Windschutzscheibe zu reinigen. Es kommt vor, dass der Wischer in allen Geschwindigkeitsstufen extrem langsam läuft oder die Hebemechanik nur sporadisch funktioniert. Sprühöle wie „WD 40" haben hier schon Wunder gewirkt. Ist das Getriebe defekt, wird es allerdings teuer. Die Heckwischer beim T-Modell sind oft außer Funktion, was in den meisten Fällen an einem simplen Kabelbruch liegt. Überprüfen Sie dies, indem Sie die Heckklappe bei eingeschaltetem Heckwischer langsam öffnen und schließen. Zuckt der Wischer zwischendurch, ist die Diagnose klar. Für eine Reparatur des Kabelbaumes muss der Himmel demontiert werden, was nicht kompliziert aber aufwändig ist. Der Arbeitslohn einer Meisterwerkstatt kann entsprechend ausfallen.

Scheibenwaschanlage

++ + o –
4 3 2 1

Prüfen Sie Zustand und Funktion von Scheiben- und Scheinwerferwaschanlage (falls vorhanden). Probleme sind kaum bekannt, aber auch die Wischwasserheizung (der „Tauchsieder" im Behälter) sollte funktionieren.

Schiebedach

++ + o –
4 3 2 1

Viele 124er sind ab Werk mit einem Schiebedach ausgestattet worden. Prüfen Sie dessen Funktion, indem Sie es mehrfach öffnen und schließen. Läuft es leise, ruckfrei und in angemessener Geschwindigkeit in den Laufschienen? Klappt der Windabweiser aus? Lässt es sich aufstellen? Sehen Sie sich den Zustand der Laufschienen bei geöffnetem Dach von außen an? Ist die Dachkassette sauber, laubfrei und frei von öligen Schlieren? Sind die Ablaufkanäle frei? Dies können Sie mit einem Stück Draht oder einer alten Tachowelle prüfen. Zeigt der Himmel rund um die Dachöffnung Stockflecken oder ist er sauber?

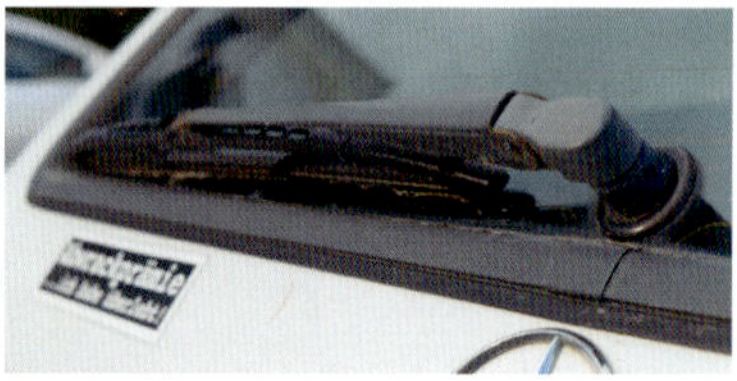

Wenn der Heckwischer ausfällt, liegt es meistens gar nicht an ihm selbst. Häufig führt ein Kabelbruch dazu, dass er seinen Dienst quittiert. Die Reparatur ist nicht kompliziert, aber langwierig und daher nicht ganz billig. (Foto: Autor)

Die hintere Scheibenwaschdüse ist oft verstellt und sprüht überall hin, nur nicht auf die Scheibe. (Foto: Autor)

Der berühmte „Tauchsieder" verhindert das Einfrieren der Scheibenwaschflüssigkeit. Kaputt geht er selten. (Foto: Autor)

Ein defektes Schiebedach kann teuer kommen. Deshalb: Alle Funktionen prüfen! (Foto: Autor)

Ist hier alles sauber, läufts meist wie geschmiert. (Foto: Autor)

Die Verdecke gelten als unproblematisch. Dennoch ist es nicht ausgeschlossen, dass im Alter mal etwas streikt. Reparaturen an der komplexen Dachkonstruktion sind selten billig. (Foto: Frank Homann)

Cabrio-Verdeck

++	+	o	–
4	3	2	1

Die Stoffkapuze des Cabriolets ist für den Ganzjahresbetrieb ausgelegt. Trotzdem können die Jahre Spuren hinterlassen haben, etwa eingerissene Knickstellen oder behelfsmäßig zugeklebte Spuren eines Einbruchs, weil dem Vorbesitzer die fachmännische Instandsetzung des Daches zu kostspielig war. Da gibt es Verhandlungsspielraum! Riegel und Klappmechanik sollten sich ohne große Kraftanstrengung und ohne Geräuschentwicklung bedienen lassen. Am elektrohydraulischen Verdeck arbeiten zahlreiche Sensoren, Endschalter und Ventile. Sie sollten eigentlich sehr lange halten, aber auch hier heißt es: Augen und Ohren auf.

Fensterheber (mechanisch und elektrisch)

++	+	o	–
4	3	2	1

Überprüfen Sie die Funktion aller Fensterheber. Bei den guten alten Kurbelhebern reißt zuweilen der Seilzug (gern an der Fahrertür), bei elektrischen Hebern ist im günstigsten Fall einfach nur die Sicherung defekt. Oder sie ist in ihrem Sicherungshalter verrutscht, was bei Mopf-1-Fahrzeugen, die noch über die altertümlich-stabförmigen „Torpedo“- oder „Bosch“-Sicherungen verfügen, in der Tat mitunter vorkommt. Ist ein Schalter selbst defekt, ist das auch kein größeres Problem.

Zentralverriegelung (Unterdruck)

++	+	o	–
4	3	2	1

Die Zentralverriegelung wird bis einschließlich Mopf 1 per Unterdruck gesteuert. Das erkennen Sie daran, dass niemals alle vier Türen wirklich zeitgleich öffnen und schließen, es gibt immer einen leichten Zeitversatz. Wichtig ist, dass sie öffnen und schließen! Auch das Heckklappenschloss und die Tankklappe werden zentral verriegelt. Bleibt eine Tür zu oder öffnet sich erst nach Zögern, liegt das zumeist an Druckverlust im System. Oft ist nur ein Schlauch undicht oder abgerutscht. Ganz selten ist die Unterdruckpumpe defekt.

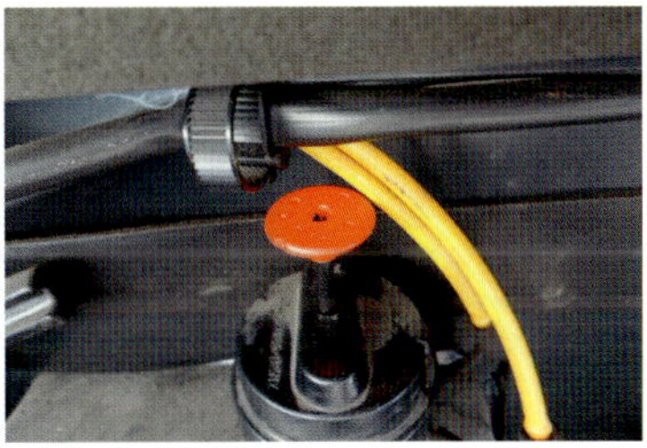

Kräftig am roten Hebel ziehen und die Unterdruck-Zentralverriegelung öffnet alle Türen. Gedacht ist das nur für den Notfall. (Foto: Autor)

Zuziehhilfe Heckklappe (T-Modell)

++	+	o	–
4	3	2	1

Einst als erhabenes Komfortplus gefeiert, kann die elektrische Zuziehhilfe, die die Heckklappe nach dem Auflegen auf den Schlossträger automatisch in den selbigen hineinzieht, im Alter ganz schön nerven. Unsachgemäße Behandlung wie etwa heftiges Zuschlagen des Heckportals können zu Kabelbrüchen geführt haben, die das Elektromotörchen bei kleinsten Fahrbahnunebenheiten oder auch bei abgestelltem Fahrzeug aktivieren. Da reicht eine Nacht und schon ist die Batterie leer. Hören Sie also unbedingt während der Probefahrt und danach auf ein summendes Geräusch im Heckbereich.

Nicht immer sehen Felgen so gut aus wie diese. Kleinere Schrammen sind nicht schlimm, Schäden am Felgenhorn können aber sicherheitsrelevant sein. (Foto: Autor)

++ + o –
4 3 2 1

Glas (Steinschläge, Milchränder)

Überprüfen Sie vor allem die Windschutzscheibe auf Schäden. Steinschlagkrater und Risse im Sichtbereich toleriert der HU-Prüfer nicht. Milchränder um Front- oder Heckscheibe deuten auf generelle Undichtigkeiten des Rahmens hin, denen man kurz- bis mittelfristig auf den Grund gehen sollte. Ein schmaler Milchrand wird beim TÜV oft noch akzeptiert, allerdings als geringer Mangel vermerkt.

++ + o –
4 3 2 1

Reifen und Felgen

Prüfen Sie, ob die Räder, vor allem, wenn sie aus dem Zubehörhandel stammen, für das Modell zugelassen sind. Lassen Sie sich die Unterlagen (ABE, Eintragung) zeigen. Überprüfen Sie das Alter (DOT-Nummer) und die Profiltiefe sowie das Laufbild der Reifen. Sind sie ungleich abgefahren, kann eine Justierung der Achsgeometrie erforderlich sein. Sehen Sie sich den äußeren Rand der Felgen (Felgenhorn) an. Gibt es Beschädigungen, die von Bordsteinkanten herrühren können?

++ + o –
4 3 2 1

Radhäuser/Verkleidungen

Nehmen Sie am besten eine Taschenlampe zur Hand und leuchten Sie in alle vier Radhäuser. Sind alle Verkleidungen vorhanden? Wie sieht es rund um die Gummistopfen in den Radhäusern aus? Rostspuren sind ein Warnsignal!

++ + o –
4 3 2 1

Radlager/Antriebswellen/Traggelenke

Liegt ein Schaden an diesen Teilen vor, stellen Sie ihn spätestens auf der Probefahrt fest. Defekte Radlager, Antriebswellen oder Traggelenke machen lautstark auf sich aufmerksam. Mahlende, kreischende Geräusche besonders in der Kurve kündigen das baldige Ende eines oder mehrerer Radlager an. Traggelenke ächzen und knarzen beim Einfedern des Vorderwagens erbärmlich. Reparaturen sind Routine und Ersatzteile recht günstig, die Sache sollte aber nicht aufgeschoben werden.

++ + o –
4 3 2 1

Niveauregulierung (Druckspeicher Hinterachse)

Ein Phänomen, das überwiegend die T-Limousinen (seltener die Limousinen, die auch mit Niveauregulierung erhältlich waren) betrifft, sind defekte Druckspeicher an der Hinterachse. Steht das Heck des T-Modells auffallend hoch und springt die Hinterachse während der Probefahrt, sind fast immer die Druckspeicher defekt, nur ganz selten die Stoßdämpfer. Er-

Das große Ruder dreht sich angenehm leicht, bekommt aber im Alter fast immer etwas Spiel. (Foto: Frank Homann)

satz ist im freien Zubehör – auch von Markenherstellern wie Lemförder (Mercedes-OEM) und Bilstein – nicht teuer, ein Austausch in der Werkstatt auch nicht. Teuer wird es, wenn der Stoßdämpfer gleich mitersetzt werden soll. Prüfen Sie genau, ob das wirklich erforderlich ist.

++ + o –
4 3 2 1

Lenkung

Die Wagen der Baureihe 124 verfügen über eine Kugelumlauf-Servolenkung. Die arbeitet sehr leichtgängig, ein etwas indirektes Lenkgefühl ist allerdings normal. Im Alter vergrößert sich das Lenkspiel, sollte aber nicht zu groß werden. Die Fachwerkstatt kann die Lenkung in einem gewissen Rahmen nachjustieren.

++ + o –
4 3 2 1

Bremssättel und -klötze

Schlagen Sie zur Sichtprüfung der Bremsanlage die Vorderräder zur einen und dann zur anderen Seite ein. So bekommen Sie (relativ) freien Blick auf Bremssättel- und Beläge. Diese sollten eine Mindeststärke von etwa 2-3 Millimetern aufweisen, wobei dies in der Tat bereits der so genannten „Abfahrgrenze" entspricht.

++ + o –
4 3 2 1

Bremsscheiben

Einen vernünftigen Eindruck der Bremsscheiben bekommen Sie nur nach Demontage der Räder. Bei der ersten Begutachtung des Wunschfahrzeuges sollten Sie aber zumindest durch die Öffnung der Felgen hindurch abtasten, ob sich die Bremsscheibe riefig oder wellig anfühlt. Fahren Sie mit den Fingerspitzen über den Rand der Bremsscheibe. Je besser Sie einen deutlich hochstehenden Rand ertasten können, desto dringender ist ein Austausch der Bremsscheibe.

++ + o –
4 3 2 1

Fußfeststellbremse

Die Feststellbremse im Fußraum leidet oft unter Vernachlässigung, besonders bei Fahrzeugen mit Automatikgetriebe. Steht der Wählhebel auf „P", benutzt sie kaum jemand. Das kann sich rächen. Spätestens, wenn sie festgeht und der Prüfer bei der HU unzureichende Funktion bemängelt. Prüfen Sie also, ob sie sich mit deutlich vernehmbarem mechanischem Geräusch lösen lässt, ob der Pedalweg nicht zu lang ist, und vor allem, ob sie den Wagen auch hält.

++ + o –
4 3 2 1

Blick in den Motorraum

Stellen Sie die Haube auf und prüfen Sie, ob sie in beiden Öffnungswinkeln sicher verriegelt werden kann. Überprüfen Sie, ob sich alle Komponenten im Originalzustand befinden oder ob Zubehörteile von Drittanbietern (Sportluftfilter etc.) verbaut wurden.

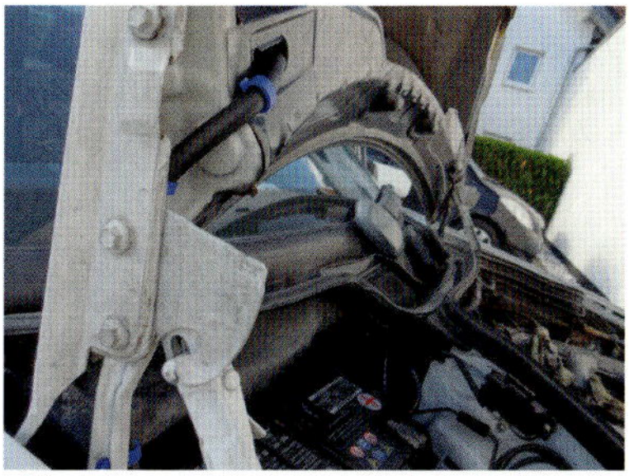

Die Scharniere der großen Motorhaube sind extrem robust, am Verriegelungshebel kann man sich schnell die Finger klemmen. (Foto: Autor)

Gibt es auffällige Verölungen oder weiße Flecken, die auf ausgelaufenes oder übergekochtes Kühlmittel hinweisen? Sieht der Keilriemen gut aus? Gibt es auffällige Laufgeräusche (Klappern, Rasseln)? Lassen Sie sich nicht von frisch gesäuberten Aggregaten blenden! Ein betagter Motor darf nach Arbeit aussehen, er sollte allerdings dicht sein.

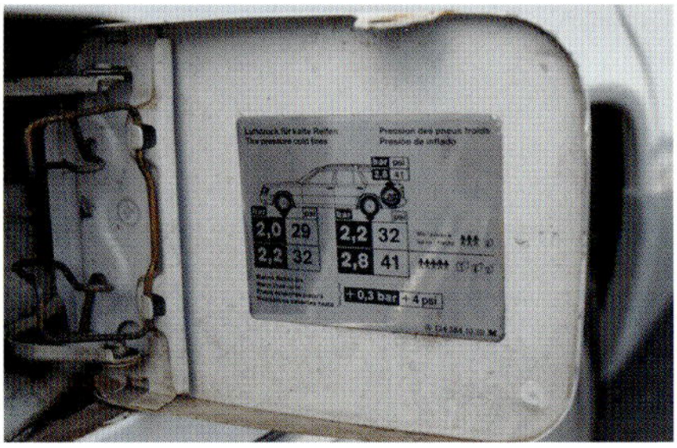

Der Tankdeckel hält wichtige Informationen bereit. Der Aufkleber sollte vorhanden sein. (Foto: Autor)

Tankklappe und Kofferraum

++ + o –
4 3 2 1

Ein Blick hinter die hoffentlich sauber entriegelbare Tankklappe lohnt sich, weil es auch dort ob mangelnder Pflege faulen kann. Der Kofferraumdeckel sollte sauber und geschmeidig aufschwingen und sich mühelos schließen lassen. Beim T-Modell sollten die Gasdruckfedern stark genug sein, die schwere Klappe auch ganz oben zu halten. Welchen Eindruck macht der Laderaum? Ist er sauber? Ist die (sehr hochwertige) Auslegeware unbeschädigt? Überprüfen Sie auch Zustand und Vollständigkeit des Bordwerkzeuges, des Warndreiecks und des Verbandkastens, auch das Ersatzrad ist einen Blick wert. Einen völlig abgefahrenen oder uralten Pneu können Sie gleich wegwerfen. Halten Sie außerdem Ausschau nach Anzeichen von Wassereinbruch (Flecken).

Ein solches Ersatzrad hilft Ihnen im Pannenfall nicht mehr. Weg mit dem Uraltreifen! (Foto: Autor)

Batteriezustand

++ + o –
4 3 2 1

Um den Zustand der Batterie zu überprüfen, benötigen Sie ein Multimeter. Im Leerlauf sollte es – an die hoffentlich nicht „blühenden" Batteriepole angeschlossen – einen Wert zwischen 13,8 und 14,2 Volt Gleichspannung anzeigen, bei abgestelltem Motor etwa 12,4 bis 12,6 Volt. Ist der Anzeigewert bei abgestelltem Motor deutlich niedriger als 12,4 oder gar 12 Volt, muss die Batterie ausgetauscht werden.

Achten Sie auch darauf, ob der verbaute Akku überhaupt zum Fahrzeug passt. Diesel benötigen deutlich mehr Strom zum Anlassen als Benziner. (Foto: Autor)

Wassereinbrüche

++ + o –
4 3 2 1

Überprüfen Sie den gesamten Innenraum (Teppiche, Sitze) auf Wasserflecken. Fühlen Sie in allen Türtaschen nach Feuchtigkeit und heben Sie im vorderen Fußraum auch einmal den Bodenteppich an. Die „Saugprobe" mit einem Taschentuch kann weiteren Aufschluss geben.

Innenraum

++ + o –
4 3 2 1

Im W 124 sind auch Stoffe und Materialien im Innenraum von exzellenter Qualität. Umso größeren Punktabzug gibt es, wenn sich Risse, Flecken und abgegriffene Schalter finden. Prüfen Sie Sitze, Teppiche, Verkleidungen, Tasten, Knöpfe, Lenkrad, Schalthebel, Dachhimmel. Riecht es muffig? Ist alles original oder vom Vorbesitzer (oder den Vorbesitzern) verändert worden (Lenkrad, Sitze, Audioanlage)? Erst in stärker beanspruchten W 124 dürfen die äußeren Wangen des Fahrersitzes verschlissen sein. Überprüfen Sie auch den Verstellmechanismus der Sitze (mechanisch und elektrisch) sowie alle Taster und Schalter auf Funktion. Funktioniert die Innenbeleuchtung (vorn wie hinten und beim T-Modell auch an C- und D-Säule!)? Lassen sich die Fondkopfstützen aufrichten und verriegeln sowie mittels Taste in der Armaturentafel wieder umlegen?

Sieht hässlich aus, kann aber von einem geschickten Sattler repariert werden. (Foto: Autor)

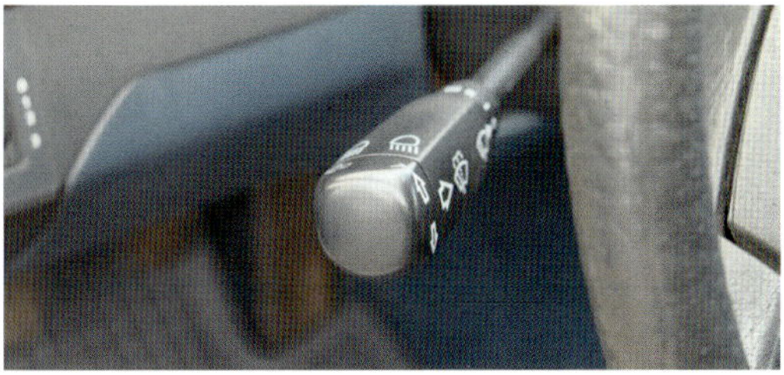

Prüfen Sie alle Funktionen, gebraucht gibt es kaum funktionierenden Ersatz. (Foto: Autor)

Lenkstockhebel

++ + o –
4 3 2 1

Den multifunktionalen Lenkstockhebel, der neben dem Blinker auch das Fernlicht, die Scheibenwischer und die Wischwasserfunktion auslöst, sollte man in all seinen Funktionen überprüfen. Ersatz ist nicht billig.

Instrumente

++ + o –
4 3 2 1

Die Instrumente des 124ers sind nicht für Probleme bekannt. Achten sollten Sie allerdings darauf, ob die Instrumentenbeleuchtung – auch die der Heizungs- und Lüftungsregelung in der Mittelkonsole – funktioniert, die Lämpchen fallen gerne aus. Ersatz ist günstig – es handelt sich um einfache Stecksockelbirnchen – zu bekommen und ein Austausch für versierte Hobbyschrauber kein Problem. Tipp: Besorgen Sie sich für das Kombiinstrument das originale MB-Ausziehwerkzeug mit T-Griff.

Warnleuchten

++ + o –
4 3 2 1

Die Zahl der Warnleuchten hängt von der Ausstattung ab. Lesen Sie in der Betriebsanleitung nach, was sie bedeuten. Schalten Sie die Zündung ein, sollten alle Lampen aufleuchten. Beim Diesel die Warnlampe der Vorglühanlage (ganz rechts) kontrollieren, sie sollte nach wenigen Sekunden erlöschen. Ein Kuriosum beim 124er ist, dass ein Aufflammen der ABS-Kontrollleuchte nicht immer auf einen Fehler des Systems hinweist. Manchmal ist nur die Bordspannung zu niedrig. Halten Sie an, schalten Sie den Motor aus und wieder ein. Erlischt die ABS-Lampe nach wenigen Augenblicken, ist das Antiblockiersystem in Ordnung. Natürlich kann es nicht schaden, den Fehler dennoch kontrollieren zu lassen.

Radaufhängung

++ + o –
4 3 2 1

Die Radaufhängungen gelten als robust. Vorsicht ist geboten, wenn ein Fahrzeug verändert, also etwa tiefergelegt oder mit extrem breiter Bereifung versehen wurde. In dem Fall sollten Sie die Radaufhängungen in einer Werkstatt überprüfen lassen.

Auspuff

++ + o –
4 3 2 1

Lecks an der Auspuffanlage sieht und hört man. Glücklicherweise ist Ersatz bezahlbar. Wurden Veränderungen vorgenommen (Sportauspuffanlage), sollte man sich vergewissern, dass der Umbau eingetragen ist und korrekt durchgeführt wurde. Lassen Sie sich die Unterlagen zeigen.

Ölaustritte

++ + o –
4 3 2 1

Ob ein Auto öldicht ist, kontrollieren Sie am besten nach der Probefahrt. Beim Begutachten von Motor, Getriebe und Differenzial kann ein Spiegel helfen. Legen Sie Pappen unters Auto und achten Sie auf herabtropfendes Öl.

Kühlwasserverlust

++ + o –
4 3 2 1

Schauen Sie vorn unter das Auto, ob Kühlwasser austritt. Helle Verfärbungen an den äußeren Teilen des Kühlsystemes (Schläuche, Schlauchschellen) können auf Undichtigkeiten hinweisen.

Zustand aller Flüssigkeiten

++ + o –
4 3 2 1

Bewerten Sie Zustand und Alter aller Flüssigkeiten anhand idealerweise vorliegender Wartungsunterlagen und entsprechender Zettel im Motorraum. Sollte eines der Betriebsmittel auffallend dunkel sein – mit Ausnahme des Motoröls – gehört es mit Sicherheit ausgetauscht. Natürlich sollten auch die Füllstände stimmen.

Probefahrt

++ + o –
4 3 2 1

Eine ausgiebige Probefahrt sollten Sie sich keinesfalls ausreden lassen! Es gibt Händler, aber auch Privatleute („Bei dem ist doch alles in Ordnung", „Sie dürfen ihn fahren, wenn Sie ihn danach kaufen"), die das mit dubiosen Ausreden verhindern oder Sie unter Zeitdruck setzen wollen. Fahren Sie das Auto möglichst abwechslungsreich durch die Stadt, über eine Landstraße und ein Stück Autobahn. Probieren Sie alle Funktionen aus, schalten Sie das Getriebe durch, bremsen Sie auch ruhig auf freier Strecke einmal etwas stärker. Und vor allem: Setzen Sie auf Ihre Sinne! Hören Sie genau zu, ob Ihnen etwas verdächtig scheint. Riechen Sie, ob etwas ungewöhnlich ist. Schauen Sie auf Anzeigen und Kontrollleuchten. Vertrauen Sie Ihrem „Popometer" – wie liegt der Wagen, wie fühlt er sich an?

Ist das Waschwasser aufgefüllt und im korrekten Verhältnis gemischt? (Foto: Autor)

Ist das Kühlwasser dunkel verfärbt, schwimmen ölige Schlieren darauf oder riecht es seltsam? (Foto: Autor)

Diesen Hydraulikölbehälter haben nur Fahrzeuge mit Niveauregulierung (alle T-Modelle, Limousinen nur optional). Auch dessen Ölstand gehört regelmässig kontrolliert. Wichtig: Nur die angegebene Ölsorte verwenden! (Foto: Autor)

Wer es ganz genau wissen will

Ein Vorbesitzer, der von seinem Fahrzeug überzeugt ist, wird sicher nichts dagegen haben, wenn Sie das Auto von einem unabhängigen Gutachter überprüfen lassen wollen. Viele Werkstätten, Automobilclubs und Prüforganisationen bieten einen Gebrauchtwagen-Check an. Natürlich gibt es den nicht kostenlos und der Verkäufer wird diese Kosten kaum übernehmen wollen. Sie sollten sich also relativ sicher sein, dass es sich bei dem besichtigten Exemplar um Ihr nächstes Auto handelt. Unterm Strich ist solch ein professionelles Urteil aber für beide Seiten ein Gewinn.

Auswertung

Addieren Sie nun alle Punkte.

136 bis 152 Punkte = Hervorragend, dieses Fahrzeug garantiert Wertzuwachs.

114 bis 135 Punkte = Gut bis sehr gut, dieses Fahrzeug können Sie bedenkenlos kaufen.

90 bis 114 Punkte = Durchschnitt bis gut, aber wo liegen die gefundenen Probleme?

76 bis 90 Punkte = Unterdurchschnittlich bis mittelmäßig. Überlegen Sie sich den Kauf gut.

60 bis 76 Punkte = Bis zum nächsten TÜV oder als Winterauto brauchbar. Hier sind einige Investitionen erforderlich. Wenn der Preis besonders günstig ist und Sie handwerkliche Fähigkeiten besitzen, können Sie es wagen. Sonst lieber nicht.

60 oder weniger = Höchstens als Teileträger zu verwenden. Die Komplettrestaurierung eines W 124 lohnt (noch) nicht, es gibt genügend gute Exemplare.

10 Auktionen – ein anderer Weg zum Traumwagen

Pro und Kontra

Pro: Die Preise sind im Allgemeinen niedriger als bei Händlern oder privaten Verkäufern und man kann möglicherweise ein echtes Schnäppchen machen. Professionelle Versteigerer haben zumeist alle Formalitäten mit dem Verkäufer erledigt.

Kontra: Man muss allein der Beschreibung im Katalog vertrauen. Die Möglichkeiten zur Überprüfung sind begrenzt und eine Probefahrt ist nicht möglich. Auktionsmodelle sind oft in einem unterdurchschnittlichen Zustand und verlangen nach zusätzlichen Reparaturen.

Welche Auktion?

Die Veranstaltungen der etablierten Auktionshäuser werden in Automobilmagazinen oder auf den Internetseiten der Unternehmen angekündigt. Der Katalog oder eine einfache Aufstellung der zum Aufruf kommenden Modelle ist erst kurz vor der Auktion erhältlich. Allerdings veröffentlichen die Unternehmen ihre Angebote auch schon früher auf ihren Internetseiten. Nehmen Sie Kontakt mit dem Auktionshaus auf, um die Ausrufpreise zu erfahren. Details der bereits gelaufenen Auktionen sind zumeist im Netz zu erfahren und ein guter Indikator.

Katalog, Eintrittsgelder und Zahlungsmodalitäten

Der Katalog fungiert oftmals auch als Eintrittskarte für zwei Personen während der Besichtigungstage und für die Auktion selbst. Die Angaben in den Katalogen sind zumeist kurz und knapp, enthalten aber in der Regel Angaben über die Zahl der Besitzer, den Kilometerstand und die Wartungsgeschichte des Wagens. Der angegebene Ausrufpreis gibt eine erste Andeutung, in welchen Kategorien man sich bewegt, und gleichzeitig werden im Katalog auch die verschiedenen Zahlungsformen sowie das verlangte Aufgeld angegeben. In der Regel verlangt der Auktionator Barzahlung, es sind aber auch andere Modalitäten wie Zahlung mit Kreditkarte oder mittels eines von der Bank bestätigten Schecks möglich. Kein Fahrzeug wird herausgegeben, bevor nicht alle Zahlungsmodalitäten geklärt sind. Bei Verzögerungen kann der Auktionator Lagergebühren verlangen.

Aufgeld

Bei der Kalkulation darf man unter keinen Umständen das Aufgeld vergessen. Daneben können noch andere Steuern fällig werden.

Besichtigung

Bei den meisten Auktionen ist vorab eine Besichtigung der Wagen möglich. Hilfskräfte des Auktionators sind dabei durchaus bereit, die Motor- oder Kofferraumhaube zu öffnen und sie werden es auch zulassen, dass man den Innenraum besichtigt. Der Motor kann zwar gestartet werden, eine Probefahrt aber ist absolut ausgeschlossen. Man darf den Wagen auch von unten überprüfen, aber mit Sicherheit wird man die Bitte, den Wagen auf eine Bühne zu stellen, ablehnen. Man kann allerdings die wichtigsten Dokumente einsehen.

Bieten

Bevor man sich an einer Auktion beteiligt, sollte man sich unbedingt über sein persönliches Höchstgebot im Klaren sein und – auch wenn es mitunter schwer fallen mag – dabei bleiben. Bis das begehrte Auto aufgerufen wird, vergeht meistens einige Zeit, die man nutzen kann, um die anderen Bieter zu beobachten. Ist der anvisierte Wagen an der Reihe, sollte man die Aufmerksamkeit des Auktionators auf sich ziehen, indem man ein frühes Gebot abgibt. Der Auktionator wird dann immer zu Ihnen blicken, um eine Reaktion auf ein Gebot zu bekommen. Zumeist wird in genau definierten Schritten gesteigert, was sich erst ändern kann, wenn die Gebote langsamer kommen. Dann werden auch kleinere Schritte akzeptiert. Wenn man sich aus dem Gebotgefecht verabschieden will, sollte man dies dem Auktionator unmissverständlich signalisieren – ein deutliches Kopfschütteln sollte reichen.
Bei einem erfolgreichen Gebot notiert sich der Auktionator die Nummer Ihrer Karte, und von nun an sind Sie für den Wagen verantwortlich.
Wird der Wagen nicht verkauft, weil er schlicht kein ausreichendes Interesse fand oder unter dem Ausrufpreis blieb, gibt es immer noch die Möglichkeit, mit dem Besitzer – unter Vermittlung des Auktionators – direkt zu verhandeln.

Erfolgreiches Gebot

Bereits im Vorfeld sollte man sich für diesen Fall ein paar Gedanken gemacht haben. Wie wird der Wagen nach Hause transportiert und welche Versicherung wird dafür benötigt? Die Versicherungsfrage sollte man auf jeden Fall bereits vor der Auktion geklärt haben. Ist der Wagen nicht fahrbereit: Kann man ihn auf einem Anhänger transportieren oder muss man die Aufgabe an ein qualifiziertes Unternehmen delegieren? Das Auktionshaus verfügt zudem ebenfalls über entsprechende Adressen.

eBay und andere Internet-Auktionen

Bei eBay und anderen Internet-Auktionshäusern kann man durchaus für einen günstigen Preis an seinen Traum-Klassiker kommen, doch sollte man nicht auf eine gründliche Untersuchung des Wagens vor Ort verzichten. Die meisten Anbieter ermutigen die Interessenten sogar ausdrücklich dazu. Bei eBay wird stets der Standort des Wagens genannt, sodass man sich ein Angebot in erreichbarer Nähe aussuchen kann. Seien Sie darauf vorbereitet, in letzter Minute überboten zu werden. Sie sollten sich darüber im Klaren sein, dass Ihr Gebot bindend ist, es aber andererseits sehr schwer ist, einen betrügerischen Anbieter vor Gericht zur Rechenschaft zu ziehen. Immer wieder kommt es auch zum Verkauf von „Geisterwagen". Daher sollte man sicherstellen, dass der in Frage kommende Wagen tatsächlich existiert und sich nicht voreilig von seinem Geld trennen.

11 Papiere für eine vollständige Dokumentation

Klassische Automobile oder Sammlerautos werden im Allgemeinen von umfangreichen Papieren begleitet, die beim Verkauf weitergereicht werden. Mittels dieser Dokumentation lässt sich die exakte Geschichte des Wagens nachvollziehen und außerdem werden so der Umfang von Pflege, Wartungs- und Restaurierungsarbeiten deutlich. Für den neuen Besitzer sind derartige Dokumente außerordentlich wertvoll, und wenn der Verkäufer diese nicht vorweisen kann, sollte man als Interessent misstrauisch werden.

Zulassung

Alle Länder verfügen über ein Registrierungssystem für Automobile – wie dem Kraftfahrzeugbrief in Deutschland oder dem so genannten „Pink Slip" in den USA. Derzeit sind Importfahrzeuge aus Japan sehr populär, die oft mit überdurchschnittlichem Pflegezustand und üppiger Ausstattung punkten. Dabei ist es wichtig, dass die Unterlagen im Original vorliegen und vollständig sind, dass sie sich auf den in Frage kommenden Wagen beziehen und dass alle Details wie Motor- und Fahrgestellnummer korrekt angegeben sind. Alle früheren Besitzer sind aussschließlich im Kraftfahrzeugbrief aufgeführt. Daher sollte man sich nicht mit dem Kfz-Schein begnügen, in dem ja nur der aktuelle Besitzer angegeben ist.
Vergleichen Sie alle Angaben im Brief mit dem Typenschild, das im Fahrzeug montiert ist. Besitzt der Wagen eine ausländische Zulassung, sollte man sich vorab bei den entsprechenden Stellen wie dem Zoll informieren, welche Formalitäten bei der Einführung des Wagens zu erledigen sind.

TÜV/Hauptuntersuchung

Auch Klassiker und Liebhaberfahrzeuge wie der Mercedes W 124 können der Hauptuntersuchung nicht entgehen. Bei dem Besichtigungstermin spielen daher die letzten HU-Berichte eine entscheidende Rolle bei der Beurteilung des Objektes der Begierde. Also sollte man sich diese Unterlagen unbedingt zeigen lassen und bei Bedarf darauf bestehen, dass die von den Prüfern verlangten Reparaturen durch entsprechende Rechnungen dokumentiert werden. Auch wenn der Wagen nicht mehr zugelassen ist, sollte man nicht darauf verzichten. So offenbaren sich mitunter schon vor der ersten genaueren Besichtigung mögliche gravierende Schwachpunkte. Sind diese Unterlagen nicht vorhanden, ist es durchaus möglich, dass der Verkäufer etwas zu verbergen hat.

Anmeldung

Ist das Fahrzeug noch zugelassen, ist eine Ummeldung relativ unproblematisch. Wer viel Zeit, Geduld und Lust auf Bürokratie hat, kann selbst zum Straßenverkehrsamt fahren und dort seinen Wagen ummelden. Dazu benötigt man Kraftfahrzeugbrief, -schein, elektronische Versicherungsbestätigung (eVB), HU-/AU-Unterlagen, Personalausweis und Bargeld für die fälligen Gebühren und die neuen Kennzeichen. Hat man sich die Kennzeichen besorgt und montiert, steht der weiteren Fahrt nichts mehr im Weg.
Besitzt der Wagen keine Zulassung mehr, interessiert sich zunächst der TÜV für das Fahrzeug. Je nach Herkunft und Dauer der Abmeldung kann der TÜV auf einer Einzelabnahme bestehen, für die eine ausführliche technische Dokumentation notwendig ist. Ist diese Hürde genommen, begibt man sich zur Zulassungsstelle. Wenn man Zeit sparen will, kann man auch entsprechende Dienstleister in Anspruch nehmen, die gegen eine Gebühr die Zulassung organisieren.

Bewertung

Mitunter hat der Verkäufer ein Wertgutachten von einer anerkannten Organisation wie DEKRA, DAT oder Classic Data anfertigen lassen, aus dem der Wert des Modells hervorgeht. Im Allgemeinen stellen solche Dokumente allerdings lediglich eine unverbindliche Richtgröße für den tatsächlichen Preis dar.

Service-Historie

Häufig werden diese Wagen von ihren (hoffentlich fähigen) Besitzern selbst gewartet. Trotzdem sollte man so viele Details der Service-Historie wie möglich in Erfahrung bringen. Dabei kommt den Bescheinigungen und Rechnungen von Markenhändlern oder Fachbetrieben ganz besondere Bedeutung zu. Tatsächlich sind alle Papiere bei der Dokumentation wichtig: Vom ersten Kaufvertrag bis zum Wartungsheft bekommt man so Antworten auf wichtige Fragen zu der Geschichte des Fahrzeugs. Besonders ein Katalog des Modells aus dem entsprechenden Baujahr ist eine wichtige Informationsquelle und sollte, falls nicht bereits vorhanden, so schnell wie möglich erworben werden. Die Behauptung des Besitzers, dass der Wagen restauriert worden sei, sollte man sich immer durch die entsprechenden Unterlagen belegen lassen.

Wenn der Verkäufer erklärt, den Service selbst vorgenommen zu haben, sollte man fragen, wann die Arbeiten ausgeführt wurden und nach entsprechenden Hinweisen suchen. Im besten Fall deckt sich Ihre Einschätzung des Gesamtzustands mit den Angaben des Verkäufers.

Restaurierungs-Fotos

Größere Restaurierungsmaßnahmen werden in der Regel mit einer Vielzahl von Fotos dokumentiert. Die aus verschiedenen Winkeln gemachten Aufnahmen helfen dabei, Umfang und Qualität der Arbeiten einzuschätzen. Wenn Sie den Wagen kaufen, bitten Sie den Verkäufer, Ihnen die Fotos zu überlassen, weil sie ein wichtiger Teil der Geschichte des Fahrzeugs sind. Es ist erstaunlich, wie viele Besitzer bereit sind, sich zwar von ihrem Wagen zu trennen, die Fotos aber als Erinnerungsstücke behalten wollen. In einem solchen Fall kann man sich vermutlich auf Abzüge von den Originalen einigen.

12 Wie viel ist „er“ wert?

Fantasie und Wirklichkeit

Die Baureihe 124 steht genau auf der Schwelle vom Gebrauchtwagen zum Klassiker. Frühe Modelle dürfen bereits ein H-Kennzeichen tragen, „spätere“ – wobei unter diesem Oberbegriff jetzt einmal ausnahmsweise „Mopf 1“- und „Mopf 2“-Fahrzeuge zusammengefasst seien –, bestreiten noch tausendfach völlig unbeeindruckt den harten Alltag eines Gebrauchsgegenstandes. Ein Umstand, den sich viele Glücksritter bei der Preisgestaltung zunutze machen – Händler wie Privatverkäufer. Logisch, mit dem Label „Klassiker“ lässt sich Kasse machen. Eine durchschnittlich gut ausgestattete 230-E-Limousine auch in ordentlichem Zustand – d.h. ohne unmittelbaren Handlungsbedarf – und mit nachvollziehbarer Historie rechtfertigt niemals einen fünfstelligen Verkaufspreis! Allerdings tauchen solche Angebote vermehrt am Markt auf. Da gilt es, kühlen Kopf zu bewahren und bei der Suche nach dem passenden fahrbaren Untersatz nicht ausschließlich das Herz respektive den Bauch entscheiden zu lassen. Selbst dann nicht, wenn das vermeintliche Traumauto vor Ihnen steht!

Vollausstattung gibt es nicht!

Viele Anbieter begründen ihre überzogenen Preisvorstellungen gern mit der Bemerkung, dass es sich bei dem betreffenden Auto um einen raren „Vollausstatter“ handelt. Die Wahrheit ist: Es gibt sie nicht! Selbst in einer Zeit, als Mercedes-Benz Ausstattungslinien und -pakete noch nicht für sich entdeckt hatte und die „Erstkunden“ ihr Auto in der Tat recht individuell bestücken konnten, war es niemals möglich, wirklich alle verfügbaren Optionen, die der Prospekt hergab, in einem einzigen Auto zu vereinen. Manche Sonderausstattungen waren nicht mit allen Motoren kombinierbar und auch nicht in allen Karosserievarianten zu realisieren. Sollte Ihnen also ein Verkäufer das in der Mercedes-Klassikerszene leider nahezu allgegenwärtige Märchen der Vollausstattung auftischen wollen, dürfen Sie das getrost milde lächelnd überhören.

Mit Geduld findet man sein Traumauto. Nicht blenden lassen! (Foto: Frank Homann)

Zustand

Wichtig ist einzig und allein: Was steht vor Ihnen? Mit Hilfe des Bewertungssystems aus Kapitel 9 können Sie nun beurteilen, in welchem Zustand sich das Kaufobjekt befindet und ob es sich überhaupt lohnt, mit dem Verkäufer in Verhandlungen einzutreten. Sinnvoll ist es zudem, sich zuvor etwa in einschlägigen Internetportalen wie www.mobile.de oder www.autoscout24.de über die aktuelle Marktlage zu informieren und die Fachpresse (z. B. „Oldtimer Markt“ etwa und „Oldtimer Praxis“) zu konsultieren. Im Falle der Marke Mercedes-Benz lohnt es sich in jedem Fall, Kontakt zur rührigen Clubszene (www.W124-club.mercedes-benz-clubs.com) aufzunehmen. Auch Nichtmitgliedern gegenüber zeigt man sich dort oft hilfsbereit. In der Regel lässt sich mit Hilfe der aufgelisteten Quellen ganz gut ermitteln, was preislich „geht“. Natürlich kann man ein wirklich gut gepflegtes Exemplar, aus

Das elektrische Rollo ist ein nützliches Extra – wenn es noch funktioniert. (Foto: Frank Homann)

erster Rentnerhand und garagenverwöhnt, entsprechend würdigen. Und in der Tat, solche Autos gibt es! Man sollte sich aber darüber im Klaren sein, dass der verlangte Preis nicht nur vom reinen Zustand, sondern auch von der vorhandenen Zusatzausstattung abhängt.

Empfehlenswerte Extras:

Automatikgetriebe
Schiebedach
Velour- oder Lederausstattung
Orthopädischer Fahrersitz
Originales Radio (Becker)
Metallic-Lack
Originale Alufelgen (etwa „Gullydeckel"-Design)
Klimaanlage
Wärmeschutzglas
Katalysator (Benziner)

Nicht empfehlenswert:

Nicht eingetragene oder nicht serienmäßige Zubehörteile (Tuning)
Lackierungen in nicht serienmäßigen Farben
Fehlfarben
„Buchhalter"-Ausstattungen (ohne jegliche Extras)

Ausnahmen

So genannte „Fehlfarben" sind Lackierungen, die zwar ab Werk verfügbar waren, aber nur selten geordert wurden. Das ins Türkis changierende „Beryllmetallic", der rare Braunton „Impala" oder das gar nicht mal so seltene „Almandinrotmetallic" sind solche Farben, die im Allgemeinen einen Preisabschlag rechtfertigen, da sie als schwer verkäuflich gelten. Allerdings formiert sich in letzter Zeit eine Sammlerszene innerhalb der 124er-Gemeinde, die ganz gezielt solche Fahrzeuge sucht. Auch „nackte" Basisausstattungen, so genannte „Buchhalter" – im Grunde unbeliebt – werden in der Szene immer attraktiver. Motto: „Was nicht da ist, geht auch nicht kaputt."

Gewährleistung

Die Sache mit der Gewährleistung ist bei älteren Fahrzeugen grundsätzlich schwierig. Selbst, wenn Sie bei einem Händler kaufen, der eine Gewährleistung geben muss, gibt es doch immer wieder Fälle, in denen sich auch Profis genau darum drücken. Da gibt es dann Kaufverträge mit dubiosen Ausschlussklauseln, die den Händler von jeglicher Haftung freisprechen und das komplette Risiko dem Käufer überantworten. Oft wird dann auch davon gesprochen, dass das Auto ja auch eigentlich nur für den Export bestimmt sei. Falls Ihnen bei solchen Äußerungen flau im Magen wird, sollten Sie vom Kauf Abstand nehmen und sich nach einem seriöseren Händler umsehen. Allerdings: Bei einem Privatgeschäft tragen Sie das Risiko stets selbst!

Inspektion vor dem Kauf

Um das Risiko zu minimieren, haben Sie zum Einen dieses Buch in der Hand und zum Anderen die Möglichkeit, die Hilfe unabhängiger Fachleute in Anspruch zu nehmen. Ein Verkäufer, der nichts zu verbergen hat, sollte einer technischen Überprüfung des Kaufkandidaten in einer Werkstatt (es muss nicht unbedingt eine Mercedes-Niederlassung sein) oder durch eine Prüforganisation (TÜV, DEKRA, ADAC u. a.) zustimmen. Die dafür anfallenden Kosten müssen Sie selbst übernehmen, was sich aber in der Regel lohnt. Einem skeptischen Verkäufer gegenüber können Sie argumentieren, dass auch dieser sein eigenes Fahrzeug nach einer professionellen Überprüfung besser einschätzen kann. Eigentlich ist also allen Beteiligten geholfen.

Vertragsabschluss

Ganz wichtig: Bestehen Sie auf einen schriftlichen Kaufvertrag! Handschlag-Deals können ihren Reiz haben, allerdings nicht unbedingt zwischen einander unbekannten Personen. Verhandeln Sie auf Basis des Ist-Zustandes, der vorliegenden Wartungsunterlagen, der Kilometerleistung und eventuell vorhandener Mängel über den Preis. Berücksichtigen Sie auch die Ausstattung und die Karosserievariante, Cabrios und T-Modelle notieren derzeit über Coupés und Limousinen. Sollten relevante Reparaturen oder Wartungsarbeiten bereits unmittelbar absehbar sein, sollten Sie diese vom Kaufpreis abziehen oder mit dem Verkäufer aushandeln, inwieweit er die Mängel vor dem Verkauf beheben lässt. Bleiben Sie fair! Bestandteil einer jeden Verhandlung ist es, aufeinander zuzugehen und einen Kurs zu erzielen, mit dem beide Vertragsparteien leben können. Ist das partout nicht möglich, suchen Sie weiter! Es gibt am Markt so viele gut erhaltene 124er, dass Sie woanders in jedem Fall auch ein ordentliches Exemplar finden werden.

Manche Sitze haben ein Gedächtnis: Die Memoryfunktion wurde häufig geordert. Überprüfen Sie deren Funktion. (Foto: Frank Homann)

13 Restaurieren – ja oder nein?

Es gibt einen Grund, weshalb viele ausgemusterte 124er in den Export nach Afrika gehen: Zu der Tatsache, dass es sich um ein grundrobust konstruiertes Fahrzeug handelt, kommt hinzu, dass die Technik überschaubar und wartungsfreundlich ausgelegt ist. Natürlich verfügt auch ein 124er je nach Ausstattung bereits über einige elektronische Komponenten, die zur Wartung und Instandsetzung Fachwissen und geeignete Gerätschaften erfordern, auf der mechanischen Seite aber kommt im Grunde jeder versierte Handwerker mit lebenserhaltenden Maßnahmen an einem W 124 zurecht. Dazu ein Kraftfahrzeugmeister marokkanischer Abstammung: „Mit dem Improvisationstalent der Jungs in meiner Heimat läuft so ein alter Benz ewig."

Trotz ihrer sehr stabilen Struktur sind Zerlegung, Reparatur und Zusammenbau der Karosserie für erfahrene Menschen keine unlösbare Herausforderung, zumal der Markt genügend Ersatzteile – neue wie gebrauchte – bereithält. Dabei muss niemand auf Reproduktionen zurückgreifen, das meiste gibt es nach wie vor neu an der Teiletheke der MB-Niederlassung. Sparen lässt sich mit der gut sortierten Auswahl des werkseigenen Gebrauchtteile-Centers (MBGTC), eine Suche auf einschlägigen Schrottplätzen oder im Internet ist ebenfalls vielversprechend. Aufpassen sollte man bei Fahrzeugen, die bereits erkennbar Reparaturen hinter sich haben und vielleicht bloß „über den TÜV geschweißt" wurden. Schlamperei rächt sich immer.

Auch was Elektrik- und Elektronikteile wie Steuergeräte anbetrifft, ist der Gebrauchtmarkt – vorrangig das MBGTC (hier gibt es geprüfte Komponenten mit Garantie) – gut sortiert und bietet in allen Preisklassen Ersatz. Allerdings ist bei allzu billigen Offerten Vorsicht geboten: Die Funktion eines ABS-Steuergerätes überprüfen Sie nicht mal eben auf dem Küchentisch, da sollten Sie nur bei vertrauenswürdigen Quellen kaufen!

Ein solches Fahrzeug mit Rest-TÜV kann man kaufen und im Alltag bewegen. Eine Restaurierung lohnt nicht. (Foto: Autor)

Fragen und Antworten

Lohnt es sich, ein Auto zu restaurieren, dass noch in so großer Zahl auf den Straßen unterwegs ist wie der Mercedes des Baumusters 124? Der Autor ist geneigt, diese Frage mit „Nein" zu beantworten. Warum? Zum einen gibt es in der Tat noch genügend gute Fahrzeuge am Markt – und zwar in allen Karosserieformen und vielen Ausstattungsvarianten —, so dass sich im Zweifel die Suche nach dem besseren Auto eher auszahlt, als viel Geld in ein marodes Exemplar zu versenken. Zum anderen ist der 124er – von Ausnahmen wie sehr gut erhaltenen Cabriolets und exklusiven 500 E/E 500 oder raren AMG-Versionen einmal abgesehen – noch nicht in so erlauchten Preisregionen angekommen, dass eine aufwändige Restaurierung unterm Strich dem Werterhalt oder der Wertsteigerung diente.

In den meisten Fällen wird sich die Kernsanierung eines 124ers – zumal von einer Fachwerkstatt durchgeführt – jedenfalls nicht lohnen. Die Kosten übersteigen auf jeden Fall den Wert des Wagens. Das kann und wird sich ändern, aber im Moment ist es so. Wenn es sich bei dem betreffenden Fahrzeug also nicht um eine sehr seltene Variante handelt oder eventuell eine persönliche Geschichte damit verbunden ist („Das ist der Benz vom Opa, den will ich unbedingt erhalten!"), sollte man von einer Komplettrestaurierung aus wirtschaftlichen Gründen absehen.

Hier kann man über eine Kernsanierung zumindest nachdenken: Ein früher 300 TE 4MATIC ist selten. Sein Zustand ist annehmbar, aber nicht perfekt. (Foto: Frank Homann)

14 Lackprobleme

Lackprobleme entstehen zumeist aufgrund unzureichender Vorarbeiten für eine Neulackierung oder Ausbesserung. Einige der folgenden Probleme werden Sie bei der Klassiker-Suche häufiger antreffen.

Orangenhaut

Die ungleichmäßige Lackoberfläche erinnert an die Schale einer Orange. Das Problem entsteht, wenn der Lack zu wenig verdünnt wurde (häufig auch in Kombination mit einem zu großen Sprühabstand). Auch extreme Temperaturunterschiede zwischen der Umgebung und der zu lackierenden Oberfläche fördern die Bildung einer Orangenhaut. Dieser Effekt lässt sich in leichteren Fällen mit einer entsprechenden Politur oder sehr feinem Schleifpapier beseitigen. Je nach Ausmaß dieses Lackierfehlers ist eine Neulackierung empfehlenswert. Hier hilft auf jeden Fall die Begutachtung durch einen Experten.

Risse

Risse im Lack können vor allem durch zu viel Spachtelmasse entstehen. Wird dem Lack zu viel Härter beigemischt oder besteht eine Unverträglichkeit zwischen der neu aufgetragenen Farbsorte und der bereits vorhandenen Lackierung, kann es ebenfalls zu diesen Erscheinungen kommen. Bei einer umfassenden Restaurierung sollte man vor der Neulackierung sämtliche Lackschichten entfernen, um dieses Problem sicher auszuschließen.

Haarrisse

Wenn sich feine Haarrisse über die Lackoberfläche verteilen, liegt häufig eine Unverträglichkeit des Lacks mit der verwendeten Grundierung vor. In diesem Fall muss man sich Gedanken über eine Neulackierung machen.

Blasen

Korrosion unter der Lackierung verursacht unweigerlich Blasen. Werden sie erst einmal richtig sichtbar, ist der Schaden an den Blechen vermutlich ziemlich groß. Vor einer Neulackierung muss in diesen Fällen zunächst das betroffene Blech repariert werden.

Mikroblasen

Diese Blasen lassen auf eine billige Lackierung schließen, bei der die Oberfläche nicht gründlich trocknen konnte. Am besten holt man sich Rat bei einem Spezialisten, doch wird man häufig in dem betroffenen Bereich die alte Lackierung vollständig entfernen müssen. Als Ursache für die Blasen kommen aber auch Fahrzeugabdeckungen in Frage, die nicht „atmen".

Verblassen

Einige Farben, vor allem Rot, neigen dazu, bei starker Sonneneinstrahlung und ohne Schutz durch entsprechende Politur zu verblassen. Wenn eine Behandlung mit einem Lackreiniger nicht ausreicht, kommt man um eine Neulackierung nicht herum.

Abblättern

Vor allem bei Metallic-Lackierungen kann es vorkommen, dass der Klarlack abblättert. Schlecht aufgetragener Einschicht-Lack zeigt ebenfalls diese Erscheinung. Konsequenterweise muss das Fahrzeug auch in diesen Fällen neu lackiert werden.

Einschlüsse

Wenn bei den Vorbereitungen zum Lackieren und beim eigentlichen Lackiervorgang nicht auf Sauberkeit geachtet wurde, kommt es zu Staub- und Schmutzeinschlüssen, die sich nicht ohne weiteres entfernen lassen. Hier hilft nur eine vollständige Neulackierung.

Beulen

Kleinere Beulen lassen sich leicht vom „ Beulen-Doktor" (Adressen im Internet) sanft und meistens ohne Folgen für den Lack aus dem Blech ziehen, sofern die Lackoberfläche noch intakt ist. Auf jeden Fall sollte man berücksichtigen, dass bei vielen Oldtimern dickere Bleche verwendet wurden als bei heutigen Fahrzeugen und sich dadurch die Arbeit des Beulen-Doktors manchmal schwieriger – und somit teurer als angenommen – gestalten kann.

15 Konditionsprobleme

Der beste Mercedes ist ein Mercedes, der regelmäßig bewegt und gewartet wurde. Auch, wenn das taschentuchgepflegte Garagenauto aus erster Rentnerhand mit 60.000 nachweisbaren Kilometern noch so reizvoll ist – es muss nicht das bessere Angebot sein! Spätestens, wenn Sie ein solches Fahrzeug regelmäßig benutzen wollen, können Standschäden teure Reparaturen nach sich ziehen. In der Szene werden Autos mit teils weit höheren Laufleistungen ohne Wartungsstau als Fahr-Zeuge deutlich bevorzugt. Wohlgemerkt: Zum Fahren! Nutzen Sie einen W 124 nur als Schönwetter- und Sonntagsauto, können Sie natürlich auch ein „Kilometerbaby" in Betracht ziehen.

Rost

Autos, die in ihrem Leben kaum etwas von der Straße gesehen haben, leiden selten unter Rost an der Karosserie. Meistens durften sie die Tage und Nächte ja in trockenen Garagen verbringen. Die braune Pest nagt da eher im Verborgenen und bevorzugt an der Technik. Etwa an der Bremsanlage, wo Kolben, Zangen und Zylinder befallen sein können oder Bremsbeläge an Bremsscheiben festgebacken sein können. Gern rostet auch die Mechanik der Feststellbremse fest. Nicht selten kleben Kupplungsscheiben an Schwungrädern fest. So ein Auto sollte man am besten gar nicht bewegen, bis das Problem im Wortsinn gelöst ist.

Flüssigkeiten

Überalterte Flüssigkeiten gehören umgehend erneuert, bevor Sie ein Fahrzeug, das lange gestanden hat, wieder in Betrieb nehmen. Altes Öl kann Dichtungen angreifen und Lager zersetzen. Bestimmte Bestandteile im Kraftstoff sowie Bremsflüssigkeit sind „hygroskopisch". Sie nehmen mit der Zeit Wasser auf, was zu Rostbildung im Kraftstoffkreislauf und Bremssystem führen kann. Hat etwa die Bremsflüssigkeit bereits zuviel Wasser aufgenommen, kann dies bei heißgefahrener Bremse zu Dampfblasenbildung im System führen. Schlimmstenfalls versagt die Bremsanlage!

Reifen

Es ist ein weit verbreiteter Irrglaube, dass man mit Reifen, deren Profil „noch gut" aussieht, sorgenfrei ewig weiterfahren kann. Bereits nach fünf bis sieben Jahren können sich die in der Gummimischung enthaltenen Weichmacher verflüchtigt haben, und der Pneu wird spröde und rissig. Das kann lebensgefährlich sein! Achten Sie beim Kauf des Fahrzeugs auf die in die Reifenflanke eingeprägte DOT-Nummer. Sie gibt Produktionswoche und -jahr an. Hat das Auto länger gestanden, können sich so genannte „Standplatten" gebildet haben. Die machen sich beim Fahren durch deutliche Vibrationen bemerkbar, können allerdings auch wieder verschwinden. Tun sie das nicht, sollte man die Bereifung von einer Fachwerkstatt prüfen und notfalls austauschen lassen.

Stoßdämpfer

Stoßdämpfern sieht man einen Standschaden in der Regel kaum an. Sind sie allerdings verdächtig feucht, tritt bereits Öl aus. Dann sind die Dichtungen im Innern der Dämpfer undicht. Solche Dämpfer gehören ausgetauscht. Machen Sie den altbekannten Wackeltest: Wippt das Auto deutlich nach, nachdem sie es an einer Ecke kräftig niedergedrückt haben, ist der Dämpfer höchstwahrscheinlich hinüber. Für weitere Diagnosen taugt der Test freilich kaum. Vorsicht ist geboten, wenn das Besichtigungsobjekt ein Sportfahrwerk hat. So etwas ist oft so hart, dass ohnehin nichts wippt. Ein solches Auto sollte generell der Fachmann untersuchen.

Gummi- und Kunststoffteile

Nach mehr als 20 Jahren können die Weichmacher aus allen möglichen Gummidichtungen entwichen und diese ausgehärtet sein. Auch regelmäßige Pflege mit entsprechenden Mitteln wie Stiften und Sprays verzögert diesen Prozess nur, verhindert ihn aber nicht. Eine ausführliche Kontrolle aller entsprechenden Dichtungen (Fenster, Türen, Schiebedach u.a.) sollte selbstverständlich sein. Eher kosmetischer Natur sind ausgeblichene Stoßfänger, Rammschutzleisten oder Spiegelkappen. Mit der Zeit werden unlackierte Kunststoffteile grau und unansehnlich. Hier kann man allerdings mit entsprechenden Pflegemitteln gut gegensteuern. Wer sich das selbst nicht zutraut, sollte sich an einen professionellen Fahrzeugaufbereiter wenden. Man glaubt oft kaum, was Fachleute auch aus offensichtlich verlebten Autos herausholen (das betrifft auch den Lack) können. Das muss auch gar nicht teuer sein.

Elektrik

Der größte Feind funktionierender Elektrik heißt: Oxidation. Sie befällt Steckverbindungen und Kontakte, was gern zu Fehlfunktionen oder Totalausfällen ganzer Baugruppen führt. Hat ein Auto lange gestanden, sollte man deshalb alle wichtigen Funktionen durchtesten. Kommt es zu Fehlern, muss man nicht gleich das „ganz große Besteck“ herausholen. In vielen Fällen wirkt ein Sprühstoß mit Kontaktspray oder der Einsatz von feinem Schleifpapier an Steckverbindungen Wunder. Auch Sicherungen können den Dienst quittieren. Sie sind im Handumdrehen ausgetauscht. Generell tun Sie Ihrem Auto

Die aufwändig konstruierte Hinterachse sorgt für den stoischen Geradeauslauf und das sichere Fahrverhalten des W 124. Fährt das Auto auffallend unpräzise, sollte man auch die Hinterachse überprüfen lassen. (Foto: Autor)

Die altertümlichen „Bosch“-Sicherungen (bis einschließlich Mopf 1) verrutschen gern in ihren Halteklammern und sorgen dann für Ausfälle der Bordelektrik. (Foto: Autor)

Gutes, wenn Sie die Batterie bei absehbar längerer Standzeit an ein Erhaltungsladegerät – auch bekannt als „Akku-Jogger" – anschließen. Das simuliert die Ent- und Aufladevorgänge des Alltagsbetriebs und hält so den Akku frisch.

Auspuffanlage

Es ist fast ein Naturgesetz, nicht nur beim W 124: Wenn Sie ein Auto kaufen, das monatelang nicht bewegt wurde, ist oft nach wenigen Wochen Betrieb die Auspuffanlage am Ende. Auch wenn sie optisch noch intakt aussieht, hat das in den Abgasen enthaltene Wasser im Inneren der Schalldämpfer und Rohre Rost entstehen lassen. Sie faulen von innen nach außen. Das ist fast unvermeidbar. Es sei denn, am Fahrzeug wurde eine Abgasanlage aus Edelstahl montiert, was aber auch keine Garantie gegen Korrosion darstellt.

Dieser Endtopf ist brandneu und wird noch viele Jahre halten. Es handelt sich sogar um ein Markenprodukt (Eberspächer) und war im freien Ersatzteilhandel dennoch günstig. (Foto: Autor)

16 Wichtige Adressen und Ansprechpartner

Die Besitzer betagter Mercedes-Benz sind fein raus. Die hervorragende Versorgung seitens des Werks, aber auch die der exzellent organisierten Clubszene und eine großen Auswahl an freien Teilehändlern und spezialisierten Fachbetrieben machen Wartung, Instandhaltung und Unterhalt eines Sternenkreuzers ziemlich leicht.

Unter dem Meisterkittel mit Hemd und Schlips akkurat gekleidet, so nahm man in den Achtzigern die Kundenfahrzeuge gern in Empfang. Heute kümmern sich viele Spezialisten um die Baureihe 124. (Foto: Daimler AG)

Spezialisten, Ersatzteile und Händler:

Mercedes-Benz Gebrauchtteile Center GmbH
www.mbgtc.de
– Überwiegend professionell aufgearbeitete Ersatzteile für alle Baureihen.
Nicht günstig, dafür mit Werksgarantie!

Mercedes-Benz Classic Service Center Deutschland
www.mercedes-benz-classic.com
– Erster Ansprechpartner für wirklich alle Fragen rund um klassische Daimler.
Hier gibt es auch Literatur und Fanartikel.

TE Taxiteile GmbH
www.te-taxiteile.com
– Ersatzteilgroßhandel für alle MB-Baureihen, die es als Taxiausführung gab.
Ersatzteile in unterschiedlichen Qualitätsstufen zum sehr guten Preis-Leistungs-Verhältnis.
Attraktive Sonderaktionen

Carus Parts & More
www.carus-parts.de
– Sehr gut sortierter Händler für Ersatzteile, gerade im Bereich Youngtimer stark.

Umwelttechnik Deißler GmbH
www.sauberfahren.de
– Katalysator- und Partikelfilternachrüstungen für W 124-Diesel.
Grüne Plakette möglich

Kultmobile mit Stern GmbH
www.kultmobile.de
– Bremer Händler, der stets eine große Auswahl an MB-Youngtimern am Lager hat.
Teils interessante Japan-Importe!

Autohaus Frank Hefelmann GmbH
www.hefelmann-automobile.de
– Händler in Wülfrath (NRW), spezialisiert auf MB-Youngtimer, große Auswahl an W 124.

Netzebands Mercedesgaragen GmbH
www.netzebandauto.de
– Berliner Kulthändler seit 1967.
Mercedes-Benz Spezialist in Berliner Tiefgarage. Einkaufserlebnis!

Leseberg Automobile GmbH Hamburg
www.leseberg.de/classic-center
– Alteingesessener Hamburger Mercedes-Benz Vertragshändler mit eigener Klassik--abteilung. Es sind nicht immer W 124er im aktuellen Bestand. Aber wenn, dann sind sie außergewöhnlich gut.

Clubs:

Mercedes-Benz W 124-Club e.V.
Pfaffenwaldring 15
70569 Stuttgart
www.W 124-club.mercedes-benz-clubs.com

Um Coupés und Cabrios kümmert sich:
Mercedes-Benz W 124cc-Club
22559 Hamburg
www.W 124cc-club.de

Typreferenten und Tipps zum W 124 hat auch:
Mercedes-Benz W 123-Club e.V.
Paarener Straße 9
14621 Schönwalde-Glien
www.w123-club.de

Mercedes-Benz IG e.V.
An der Ohligsmühle 10
53127 Bonn
www.mbig.de

vdh e.V.
Weidenbacherstraße 11
91737 Ornbau
www.mercedesclubs.de

Literatur zum Thema:

Mercedes-Benz W 124 – Eine Klasse für sich.
Alles über den Urvater der E-Klasse
HEEL Verlag, Königswinter

Kaufberatung Mercedes-Benz Baureihe 124
Hrsg.: Mercedes-Benz W 123-Club e.V.

Mercedes-Benz Classic
Offizielles Clubmagazin der Mercedes-Benz AG

Faszination W 124
Clubmagazin des Mercedes-Benz W 124-Club e.V.

Ponton-Kurier
Clubmagazin der Mercedes-Benz IG e.V.

Wichtige jährliche Veranstaltungen:

Bremen Classics Motorshow
(Tipp für interessierte Käufer: Private Fahrzeugbörse im Messeparkhaus!)

Retro Classics Stuttgart

Techno Classica Essen

VETERAMA, Mannheim

Motorshow Essen

17 Daten und Fakten

TECHNISCHE DATEN W 124 Vierzylinder-Benzinmodelle (alle Karosserieformen)			
Modell	Typ	200	200 E
	Baumuster	124.020	124.021
	Bauzeit	01/1985 - 06/1990	07/1985 - 10/1992 (bis 09/1988 nur für Export Italien)
Motor	Bauart (Viertakt-Otto)	Reihen-4-Zyl. M 102 V 20	Reihen-4-Zyl. M 102 E 20
	Hubraum in cm^3	1997	
	Leistung in PS/kW bei min^{-1}	109/80 bei 5200 (ECE); ab 09/1986: 105/77 bei 5500 (KAT)	122/90 bei 5100 (ECE); ab 09/1988 im Inland 118/87 bei 5200 (KAT)
Räder	Felgengröße	6 J x 15 H 2	6½ J x 15 H 2
	Bereifung	185/65 R 15 87 H	195/65 R 15 91 H
Leistungsdaten	Höchstgeschwindigkeit in km/h	187 (KAT: 185)	195 (KAT: 193)
	Kraftstoffverbrauch in l/100 km	8,9	9,0

TECHNISCHE DATEN W 124 Sechszylinder-Benzinmodelle (alle Karosserieformen).			
Modell	Typ	260 E	300 E
	Baumuster	124.026	124.030
	Bauzeit	09/1985 - 10/1992	04/1985 - 11/1992
Motor	Bauart (Viertakt-Otto)	Reihen-6-Zyl. M 103 E 26	Reihen-6-Zyl. M 103 E 30
	Hubraum in cm^3	2599	2962
	Leistung in PS/kW bei min^{-1}	170/125 bei 5800 (ECE); ab 09/1985: 166/122 (RÜF) oder 160/118 bei 5800 (KAT)	190/140 bei 5600 (ECE); ab 09/1985: 188/138 (RÜF) oder 180/132 (KAT) bei 5700; ab 09/1989 ausschließlich KAT
Räder	Felgengröße	6½ J x 15 H 2	
	Bereifung	195/65 VR 15; ab 09/1989: 195/65 R 15 91 V	195/65 VR 15; ab 09/1989: 195/65 R 15 91 V
Leistungsdaten	Höchstgeschwindig-keit in km/h	218 (KAT: 215)	ECE: 230; RÜF: 228; KAT: 225
	Kraftstoffverbrauch in l/100 km	9,8	10,3

Den 200er-Vergaser gab es NICHT für Coupé und Cabriolet

230 E	200 E, ab 07/1993: E 200	220 E, ab 07/1993: E 220
124.023	124.019	124.022
01/1985 - 10/1992	09/1992 - 08/1995	09/1992 - 06/1996 (ab 09/1995 nur noch als ckd-Teilesatz für Indien)
Reihen-4-Zyl. M 102 E 23	Reihen-4-Zyl. M 111 E 20	Reihen-4-Zyl. M 111 E 22
2298	1998	2199
136/100 bei 5100 (ECE); ab 09/1985 auch 132/97 bei 5100 (KAT wahlweise), ab 09/1986 Serie	136/100 bei 5500	150/110 bei 5500
		195/65 R 15 91 V
203 (KAT: 200)	200	210
9,0	8,6	8,8

Cabrio, Coupé und T-Modell gab es NICHT als 260 E, Cabrio und Coupé NICHT als 280E / E280

300 E-24	280 E, ab 07/1993: E 280	320 E, ab 07/1993: E 320
124.031	124.028	124.032
08/1989 - 10/1992	09/1992 - 08/1995	09/1992 - 08/1995
Reihen-6-Zyl. M 104 E 30	Reihen-6-Zyl. M 104 E 28	Reihen-6-Zyl. M 104 E 32
2960	2799	3199
220/162 bei 6400	197/145 bei 5500; ab 07/1993: 193/142 bei 5500	220/162 bei 5500
195/65 ZR 15	195/65 R 15 91 V	195/65 ZR 15
237	230	235
10,9	10,7	11,0

TECHNISCHE DATEN W 124 Vier- und Fünfzylinder-Dieselmodelle (alle Karosserieformen).			
Modell	Typ	200 D, ab 07/1993: E 200 Diesel	250 D
	Baumuster	124.120	124.125
	Bauzeit	01/1985 - 08/1995	05/1985 - 07/1993
Motor	Bauart (Viertakt-Diesel)	Reihen-4-Zyl. OM 601 D 20	Reihen-5-Zylinder OM 602 D 25
	Hubraum in cm³	1997	2497
	Leistung in PS/kW bei min^{-1}	72/53 bei 4600; ab 02/1989: 75/55 bei 4600	90/66 bei 4600; ab 02/1989 94/69 bei 4600; ab 09/1989 mit Katalysator (a.W.) 90/66 bei 4600
Räder	Felgengröße	6 J x 15 H 2	6½ J x 15 H 2
	Bereifung	185/65 R 15 87 T	195/65 R 15 91 T
Leistungsdaten	Höchstgeschwindigkeit in km/h	160	175
	Kraftstoffverbrauch in l/100 km	7,4	7,1

TECHNISCHE DATEN W 124 Sechszylinder-Dieselmodelle (alle Karosserieformen)		
Modell	Typ	300 D
	Baumuster	124.130
	Bauzeit	01/1985 - 07/1993
Motor	Bauart (Viertakt-Diesel)	Reihen-6-Zylinder OM 603 D 30
	Hubraum in cm³	2996
	Leistung in PS/kW bei min^{-1}	109/80, ab 9/89 (a. W. mit Katalysator) 110/81
Räder	Felgengröße	6½ J x 15 H 2
	Bereifung	195/65 R 15 91 T; ab 02/1989: 195/65 R 15 91 H
Leistungsdaten	Höchstgeschwindigkeit in km/h	190
	Kraftstoffverbrauch in l/100 km	7,4

Rahmen und Fahrwerk

- Aufbau, Rahmen: selbsttragende Ganzstahlkarosserie
- Radaufhängung vorn: einzeln an Dreiecksquerlenkern und Dämpferbeinen
- Radaufhängung hinten: Raumlenkerachse, a. W. mit hydropneumatischer Niveauregulierung (bei T-Modellen Serie)
- Lenkung: Kugelumlauf-Servolenkung
- Bremsen: hydraulische Zweikreis-Bremsanlage mit Unterdruck-Bremskraftverstärker, Scheiben vorn und hinten, a. W. mit ABS (Serie ab 9/88)

Coupé und Cabriolet gab es nicht mit Dieselmotoren	
250 D Turbo, ab 07/1993: E 250 Turbodiesel	E 250 Diesel
124.128	124.126
08/1988 - 06/1995	07/1993 - 06/1996 (ab 09/1995 nur noch als ckd-Teilesatz für asiatische Märkte)
Reihen-5-Zyl. OM 602 D 25 A	Reihen-5-Zylinder OM 605 D 25
126/93 bei 4600	113/83 bei 5000
195/65 R 15 91 H	195/65 R 15 91 V
198	190
7,6	7,1

Coupé und Cabriolet gab es nicht mit Dieselmotor	
300 D Turbo, ab 07/1993: E 300 Turbodiesel	E 300 Diesel
124.133	124.131
04/1986 - 06/1995	07/1993 - 08/1995
Reihen-6-Zylinder OM 603 D 30 A	Reihen-6-Zyl. OM 606 D 30
143/105, ab)/88 147/108	136/100
195/65 R 15 91 H	
202	200
7,9	7,4

Kraftübertragung

- Getriebe: 4- oder 5-Gang-Schaltgetriebe, voll synchronisiert, 4-Gang- oder 5-Gang-Automatikgetriebe
- Antrieb: Hinterräder, a.W. Allrad (4MATIC)

Maße

- Radstand Limousine und T-Modell in mm: 2800
- Radstand Coupé und Cabriolet in mm: 2715
- Länge/Breite/Höhe Limousine in mm: 4740/1740/1446
- Länge/Breite/Höhe T-Modell in mm: 4765/1740/1490
- Länge/Breite/Höhe Coupé in mm: 4655/1740/1410
- Länge/Breite/Höhe Cabriolet in mm: 4655/1740/1391